Mathematik

5.-7. Klasse

Textaufgaben

Bruchrechnen

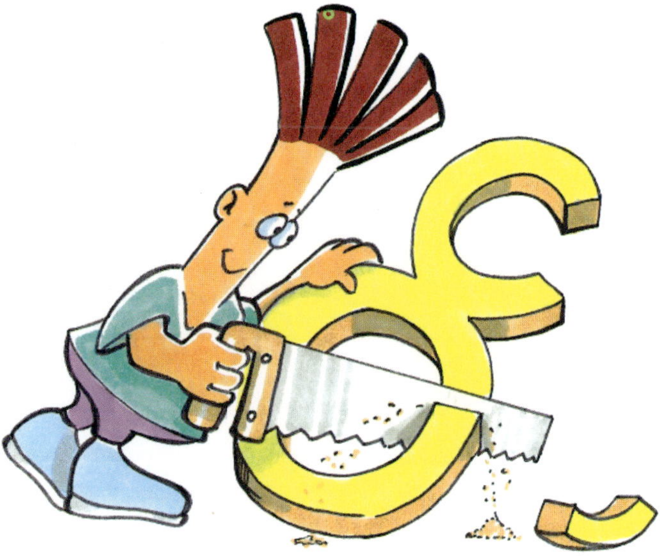

Mathematik

5./6. Klasse

In der neuen Rechtschreibung

Angela Thiessen

Teil 1:

Textaufgaben

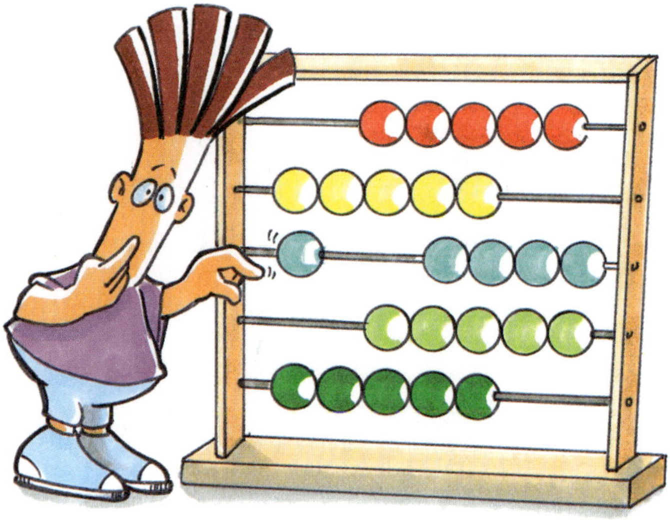

INHALT

TEXT AM ANFANG
Die Einleitung 6

GEHE DER SACHE AUF DEN GRUND
Die Grundrechenarten 8
   Begriffe und Grundlagen 8
   Rechenausdrücke 10
   Die Addition 14
   Die Subtraktion 18
   Gemischte Aufgaben:
   Addition und Subtraktion 22
   Die Multiplikation 24
   Die Division 28
   Gemischte Aufgaben:
   Multiplikation und Division 32
   Gemischte Aufgaben zu allen vier
   Rechenarten 34
   Tipps zum Lösen von Textaufgaben 37

DAS MASS ALLER DINGE
Messen 38
   Längen 38
   Gewichte 42
   Zeit 46

DIE ZWEITE UND DRITTE DIMENSION
Flächen- und Rauminhalte 50
   Das Quadrat 50
   Das Rechteck 52
   Der Würfel 54
   Der Quader 56

ZU ZWEIT GEHT'S BESSER
Zweisatz 58
   Zweisatz: proportional 58
   Zweisatz: umgekehrt proportional 62
   Zweisatz: gemischte Aufgaben 66

ZWEI UND ZWEI MACHT DREI
Dreisatz 70
   Dreisatz: proportional 70
   Dreisatz: umgekehrt proportional 74
   Dreisatz: gemischte Aufgaben 78

DER KREIS SCHLIESST SICH
Geometrie 82
   Winkel 82
   Kreis 84

LÖSUNGEN 86

TEIL 2: BRUCHRECHNEN 97–173

An seinem Handwerkszeug erkennt man den wahren Mathematiker.

TEXT AM ANFANG
Die Einleitung

Hallo, ich bin MacCool! Wenn du nichts dagegen hast, werden wir zusammen Textaufgaben üben.

Übersetze in die Sprache der Mathematik!

Eigentlich habe ich diese Aufgaben früher nie leiden können, weil ich nicht wusste, wie ich anfangen sollte. Schließlich ist es ja nicht gerade einfach, wenn man eine Rechenaufgabe lösen soll, die man sich aus einem Text zuerst selbst zusammenbasteln muss. Inzwischen habe ich herausgefunden, dass es sogar richtig Spaß machen kann, wenn man weiß, wie es geht.

Ist dir schon aufgefallen, dass dir im Alltag ziemlich häufig Textaufgaben über den Weg laufen?

Textaufgaben im Alltag

Angenommen, du sparst etwas Geld und möchtest dir nun ein paar Dinge davon kaufen. Dann willst du natürlich wissen, ob dein Geld ausreicht oder ob du etwa noch länger sparen musst. Noch ein anderes Beispiel: Du möchtest pünktlich in der Schule sein, um nicht schon wieder Ärger mit dem Lehrer zu bekommen. Wenn du weißt, wie viel Zeit du für den Schulweg brauchst und wann die Schule beginnt, kannst du ausrechnen, wann du zu Hause losgehen solltest.

Mit diesem Buch wirst du solche Aufgaben bald im Schlaf lösen können.

Zum Warmwerden fängst du mit den vier **Grundrechenarten** in Textaufgaben an, anschließend lernst du verschiedene **Maßeinheiten, Flächen- und Rauminhalte** sowie **Zwei- und Dreisatzaufgaben** kennen.

Zum Schluss machst du noch einen kleinen Ausflug in das Reich der **Geometrie**. Meistens findest du dort nur Anleitungstexte zum Zeichnen, manchmal musst du aber auch zusätzlich rechnen.

Textaufgaben
EINLEITUNG

In jedem Abschnitt zeigen dir **Beispielaufgaben,** wie du die Textaufgaben in den Griff bekommst. Wenn du dir die Beispielaufgaben genau durchliest und die Lücken ausfüllst, werden dir die anschließenden Übungen keine Schwierigkeiten bereiten.

Deine Lösungen der Übungsaufgaben kannst du im **Lösungsteil am Ende des Buches** kontrollieren.

Wichtige Hinweise sind im Text deutlich hervorgehoben oder stehen am Rand.

Wirst du übrigens auch immer so müde, wenn du zu viel auf einmal liest oder rechnest? Ich mache deshalb lieber öfter mal eine Pause – in diesem Sinne

Mach mit!

dein MacCool

Die wesentlichen Elemente einer Doppelseite

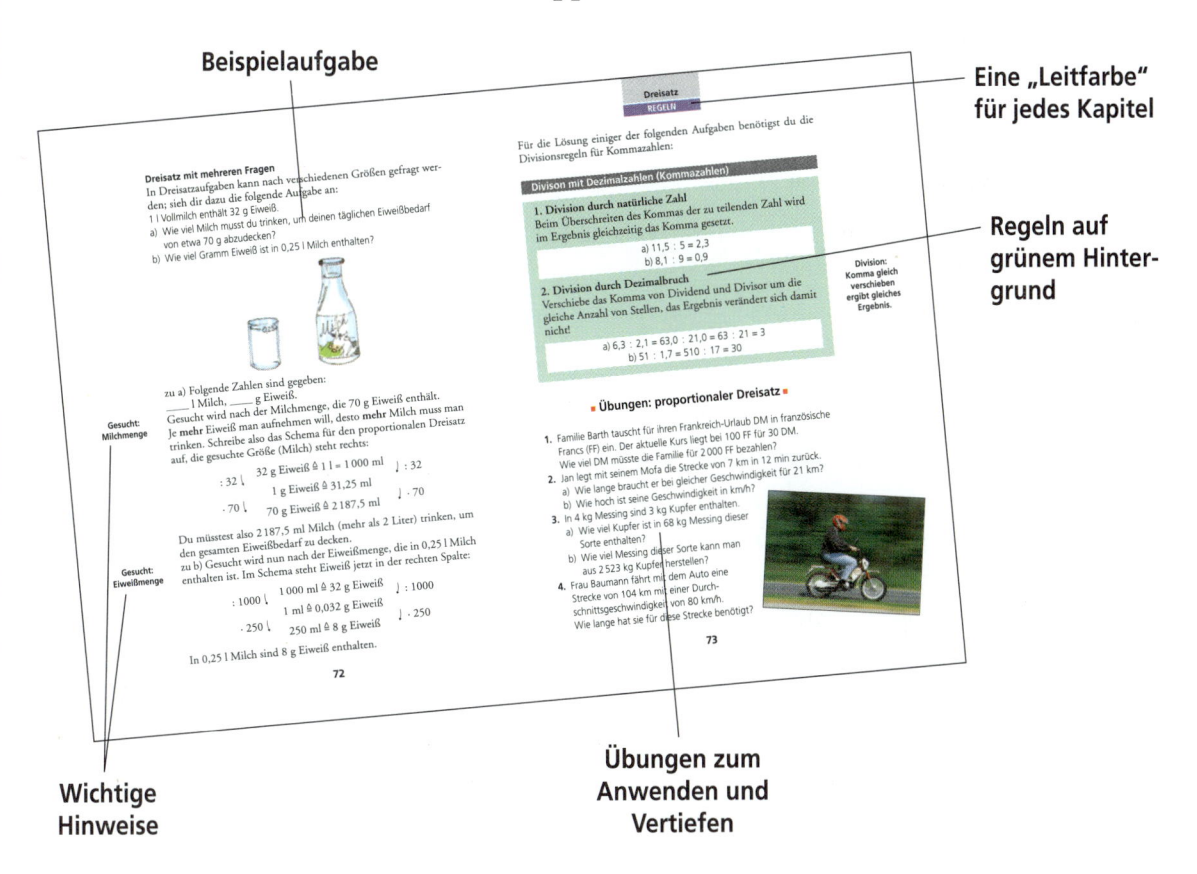

- Beispielaufgabe
- Eine „Leitfarbe" für jedes Kapitel
- Regeln auf grünem Hintergrund
- Wichtige Hinweise
- Übungen zum Anwenden und Vertiefen

GEHE DER SACHE AUF DEN GRUND

Die Grundrechenarten

Begriffe und Grundlagen

Wie du weißt, verwendet man in der Mathematik zur Abkürzung der Schreibweise Ziffern und mathematische Zeichen wie +, −, ·, : oder =. Du schreibst also zum Beispiel „6 + 2" statt „Addiere (zähle zusammen) sechs und zwei".

Dennoch brauchst du die speziellen Bezeichnungen zur Beschreibung der Rechenarten, wenn du etwas genau ausdrücken oder Zahlenrätsel lösen willst.

So lautet der Vorgang des Zusammenzählens **Addition** oder **addieren**, das Ergebnis einer Addition heißt **Summe**. Die zusammengezählten Zahlen sind die **Summanden**. Diese und die weiteren Bezeichnungen findest du in der folgenden Tabelle:

Rechenart	1. Zahl	2. Zahl	Ergebnis
+ addieren	1. Summand	+ 2. Summand	= Summe
− subtrahieren	Minuend	− Subtrahend	= Differenz
· multiplizieren	1. Faktor	· 2. Faktor	= Produkt
: dividieren	Dividend	: Divisor	= Quotient

Für die Addition und die Multiplikation gibt es Rechenregeln oder Rechengesetze, die immer und überall für alle Zahlen gelten. Man verwendet beim Aufschreiben dieser Gesetze Buchstaben statt Zahlen, um deutlich zu machen, dass man jede beliebige Zahl verwenden kann.

Gesetz	Name des Gesetzes
$a + b = b + a$	Kommutativgesetz (Vertauschungsgesetz)
$(a + b) + c = a + (b + c)$	Assoziativgesetz (Verbindungsgesetz)
$a \cdot b = b \cdot a$	Kommutativgesetz (Vertauschungsgesetz)
$(a \cdot b) \cdot c = a \cdot (b \cdot c)$	Assoziativgesetz (Verbindungsgesetz)

Margin notes:

3 + 5 = 5 + 3

Rechne +

3 + 4 = 7
8 − 3 = 5
2 · 5 = 10
12 : 4 = 3

Bei Plus und Mal ist die Reihenfolge egal.

Die Grundrechenarten
GRUNDLAGEN

Schriftliches Rechnen (erklärt an Beispielen)

Addition: Schreibe die Einer-Ziffern untereinander und addiere spaltenweise von rechts nach links. Beachte dabei die Überträge.

```
  354
+ 683
   11
 1037
```

1. Addiere 4 und 3, das ergibt 7.
2. 5 + 8 = 13, schreibe 3, übertrage 1.
3. 3 + 6 + 1 = 10, schreibe 0, übertrage 1.
4. Es bleibt nur die 1, schreibe 1.

Überträge nicht vergessen!

Subtraktion: Schreibe die Einer-Ziffern untereinander und rechne von rechts nach links. Subtrahiere die Ziffern des Subtrahenden von denen des Minuenden (ergänze nötigenfalls durch Überträge).

```
  978
- 392
    1
  586
```

1. 8 – 2 = 6, schreibe 6.
2. 7 – 9 geht nicht, Übertrag 1 in die nächste Spalte, 17 – 9 = 8, schreibe 8.
3. 9 – 3 – 1 = 5, schreibe 5.

Multiplikation: Schreibe die Faktoren nebeneinander und multipliziere den 2. Faktor ziffernweise mit dem 1. Faktor (das ergibt jeweils eine Zeile). Betrachte dabei den 1. Faktor ziffernweise von hinten nach vorn und beachte die Überträge. Addiere zum Schluss die Zeilen.

```
56 · 93
  5040
+  168
     1
  5208
```

1. Schreibe 0 unter die 3, rechne 9 · 6 = **5**4, schreibe 4, merke **5**.
2. 9 · 5 = 45, 45 + **5** = 50, schreibe 50.
3. Nächste Zeile: 3 · 6 = **1**8, schreibe 8, merke **1**.
4. 3 · 5 = 15, 15 + **1** = 16, schreibe 16, addiere die Zeilen.

Division: Teile passende erste Ziffern des Dividenden durch den Divisor, berechne das Produkt aus Ergebnis und Divisor und subtrahiere, ergänze das Ergebnis durch die nächste Ziffer des Dividenden.

```
312 : 13 = 24
- 26
  52
  52
   0
```

1. 31 : 13 = 2 (Rest 5), schreibe 2.
2. 13 · 2 = 26, schreibe 26.
3. 31 – 26 = 5, schreibe 5.
4. Hole 2 herunter, 52 : 13 = 4, schreibe 4.
5. 4 · 13 = 52, schreibe 52, 52 – 52 = 0, fertig!

Rechne Schritt für Schritt!

Rechenausdrücke

Bei den folgenden Aufgaben handelt es sich eigentlich nicht um „richtige" Textaufgaben, weil der Rechenweg schon in der Aufgabe beschrieben ist.
Für jede Rechenart gibt es spezielle Hinweiswörter, die die Reihenfolge der Rechnung festlegen.
Die folgenden Beispiele zeigen dir, wie man einen Rechenausdruck mit Worten beschreiben kann:

9 + 3   Addiere die Zahl 3 **zu** der Zahl 9 (Vermehre 9 um 3).
         Berechne die Summe der Zahlen 9 und 3.

9 − 3   Subtrahiere die Zahl 3 **von** der Zahl 9.
         Subtrahiere **von** der Zahl 9 die Zahl 3 (Vermindere 9 um 3).
         Berechne die Differenz der Zahlen 9 und 3.

9 · 3   Multipliziere die Zahl 9 **mit** der Zahl 3.
         Berechne das Produkt der Zahlen 9 und 3.

9 : 3   Dividiere (teile) die Zahl 9 **durch** die Zahl 3.
         Berechne den Quotienten der Zahlen 9 und 3.

Achte bei − und : auf die Reihenfolge.

Nach den hervorgehobenen Wörtern steht bei der Addition und der Subtraktion die 1. Zahl, bei der Multiplikation und Division die 2. Zahl. Besonders wichtig sind die Hinweiswörter für die Subtraktion und Division, weil man hier die Reihenfolge der Zahlen nicht vertauschen darf.
Du findest diese Hinweiswörter in der folgenden Tabelle zusammengestellt:

	nach dem Wort	steht der
+ addiere	zu	1. Summand (1. Zahl)
− subtrahiere	von	Minuend (1. Zahl)
· multipliziere	mit	2. Faktor (2. Zahl)
: dividiere	durch	Divisor (2. Zahl)

Die Grundrechenarten
ÜBUNGEN

■ Übungen ■

Nun kannst du schon selbst die Rechenausdrücke aufstellen und ausrechnen. Zu jeder Lösung gehört ein Buchstabe, den du im Baum findest und in das Kästchen einträgst. Von oben nach unten gelesen, ergibt sich ein Lösungswort.

Pflücke dir die Lösungen!

Im Baum: 6901 Z, 49 I, 64 N, 73 B, 1242 S, 8416 I, 1368 E, 9008 G, 2825 S, 9209 E, 738 R, 1245 P, 2885 T, 8249 N, 4744 E

1. Berechne das Produkt aus 23 und 54.
2. Addiere zur Zahl 678 die Zahl 567.
3. Dividiere 1225 durch 25.
4. Berechne die Differenz der Zahlen 3476 und 591.
5. Subtrahiere 145 von 7046.
6. Berechne die Summe der Zahlen 7852 und 1357.
7. Berechne den Quotienten der Zahlen 2368 und 37.
8. Multipliziere 72 mit 19.
9. Subtrahiere von der Zahl 1589 die Zahl 851.
10. Vermehre die Zahl 8750 um 258.
11. Berechne das Produkt der Zahlen 593 und 8.
12. Dividiere 3139 durch 43.
13. Berechne die Summe der Zahlen 4562 und 3687.
14. Multipliziere 526 mit 16.
15. Vermindere die Zahl 9416 um 6591.

Wenn du Rechenausdrücke aufstellen sollst, in denen mehr als zwei Zahlen auftreten, funktioniert das im Prinzip genauso wie vorher:
Multipliziere 15 mit der Summe der Zahlen 23 und 26.
Du kannst diese Aufgabe schrittweise lösen; multipliziere hierzu die Zahl 15 mit einer Summe:
15 · (Summe aus 23 und 16) = 15 · (23 + 16) = 15 · 39 = 585

Klammern gehen vor.

Setze die Ausdrücke, die zusammen gehören, in Klammern und rechne zuerst die Klammern aus.

Fülle bei der nächsten Aufgabe die Lücken selbst aus:
Dividiere das Produkt der Zahlen 12 und 34 durch die Summe der Zahlen 2 und 4.
Was ist zu tun? Du sollst dividieren, und zwar die erste Zahl **durch** die zweite:
(Produkt aus 12 und 34) : (Summe aus 2 und 4)
= (____ · ____) : (____ + ____) = 408 : 6 = 68

Manchmal sind auch Vielfache einer Zahl in diesen Aufgaben enthalten:
Subtrahiere von 931 das 5fache des Quotienten der Zahlen 64 und 4.
Das „5fache" bedeutet einfach, dass man mit 5 multiplizieren soll. Also musst du hier rechnen:
____ – (das 5fache des Quotienten aus 64 und 4)
= 931 – (5 · (Quotient aus 64 und 4))
= 931 – (5 · (____ : ____)) = 931 – (5 · 16) = 931 – ____ = 851
Andere Vielfache sind: Das **Doppelte** (mal 2), das **Dreifache** (mal 3), das **Vierfache** (mal 4) und so weiter.

Auch bei der Division gibt es solche Umschreibungen:
Subtrahiere von der Hälfte von 688 den dritten Teil von 99.
Die **Hälfte von** bedeutet durch 2 zu dividieren, der **dritte Teil von** heißt durch die Zahl 3 zu teilen.
Der Rechenausdruck lautet also:
(Hälfte von 688) – (dritter Teil von 99)
= (688 : 2) – (99 : 3) = ____ – ____ = 311

Seh ich doppelt oder bin ich doppelt?

Die Grundrechenarten
ÜBUNGEN

▪ Übungen ▪

1. Fülle die Lücken aus und berechne.
   a) Subtrahiere von der Summe der Zahlen 411 und 63 die Zahl 15:
      (____ + ____) − ____ =
   b) Multipliziere 32 mit dem Quotienten der Zahlen 462 und 14:
      ____ · (____ : ____) =
   c) Vermehre die Differenz von 165 und 88 um das Produkt von 5 und 1 000:
      (____ − ____) + (____ · ____) =
   d) Addiere zum Doppelten des Produkts von 76 und 4 den Quotienten der Zahlen 876 und 6:
      ____ · (____ · ____) + (____ : ____) =

2. Hier musst du Rechenausdrücke mit drei Zahlen aufstellen und berechnen.
   a) Dividiere die Differenz von 563 und 175 durch 4.
   b) Addiere das Produkt von 14 und 26 zur Zahl 123.
   c) Vermindere den Quotienten von 561 und 33 um die Zahl 9.
   d) Multipliziere die Summe von 66 und 15 mit 10.

3. Dies sind Rechenausdrücke mit vier Zahlen.
   a) Dividiere die Differenz von 9 356 und 8 462 durch die Differenz von 25 und 19.
   b) Addiere zum Quotienten von 4 496 und 8 das Produkt von 39 und 45.
   c) Multipliziere die Differenz von 6 421 und 4 862 mit dem Quotienten von 3 144 und 524.

4. Hier treten Vielfache und Teile auf.
   a) Berechne das Doppelte der Differenz von 1 063 und 175.
   b) Addiere zum dritten Teil des Produkts von 15 und 17 die Zahl 1 503.

5. Berechne zum Schluss diesen Bandwurm.
   a) Addiere zum Doppelten der Differenz der Zahlen 1 609 und 836 den fünften Teil der Summe von 2 197 und 4 703.

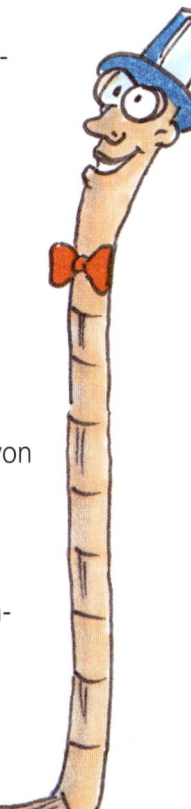

Die Addition

In diesem Abschnitt werden ausschließlich Textaufgaben behandelt, die du durch Addition lösen kannst.

Einfache Additionsaufgaben

Genau durchlesen! Lies zunächst die Aufgabe ganz genau durch:
Lisa kauft sich einen Walkman für 80 DM. Damit sie ihn gleich ausprobieren kann, kauft sie zusätzlich eine Kassette für 15 DM.
Wie viel DM muss sie insgesamt bezahlen?

Bildlich vorstellen! Versuche nun zunächst, dir die Situation bildlich vorzustellen. Das hilft dir, den richtigen Rechenweg zu finden.

In der Aufgabe sind alle Informationen enthalten, die du zum Lösen der Textaufgabe benötigst:

Zahlenangaben Beachte die gegebenen Zahlen: Der Walkman kostet **80 DM**, die Kassette **15 DM**.

Hinweiswörter Außerdem findest du Hinweiswörter, die hier auf die Rechenart Addition hindeuten: **zusätzlich, insgesamt.**

Mit diesen Angaben ist es jetzt sehr leicht, die Textaufgabe in die Sprache der Mathematik zu „übersetzen": Lisa muss die Preise addieren (zusammenzählen), um den Gesamtpreis auszurechnen.

Gesucht? Gesucht wird also der Gesamtpreis.

Lösungsansatz Formuliere nun den Lösungsansatz und rechne:
80 DM + 15 DM = 95 DM

Antwortsatz Antworte in einem Satz: Lisa muss insgesamt 95 DM bezahlen.

Die Grundrechenarten
ADDITION

Mit dem gleichen Rezept kannst du die nächste Aufgabe schon fast allein lösen. Die Vorgehensweise ist die gleiche wie in der letzten Textaufgabe. Versuche dir schon anhand des Bildes eine Vorstellung vom Rechenweg zu machen. Fülle danach die Lücken aus.
Lies zuerst wieder die Aufgabe genau durch:
Ein LKW-Fahrer fährt an einem Tag von München über Frankfurt nach Hamburg. Von München nach Frankfurt legt er 407 km zurück, von Frankfurt nach Hamburg 498 km. Wie lang ist die Gesamtstrecke, die der LKW an diesem Tag zurücklegt?

km = Kilometer

Stell dir jetzt die Situation vor:

Gegeben sind die Zahlen: Strecke München – Frankfurt ____ km
                          Strecke Frankfurt – Hamburg ____ km

Zahlenangaben

Du findest in der Frage ein Hinweiswort, das dir deutlich macht, dass du auch hier addieren musst: _____ strecke.

Hinweiswort

Gesucht wird in dieser Aufgabe also die Gesamtstrecke von München nach Hamburg, die sich hier aus zwei Teilstrecken zusammensetzt.

Gesucht?

Der Rechenweg lautet somit: 407 km ____ 498 km = 905 km.

Rechenweg

Der Antwortsatz heißt: Der LKW legt an diesem Tag ____ km zurück.

Antwort

Additionsaufgabe mit mehr als zwei Zahlen

In der nächsten Aufgabe kommen mehrere Zahlen vor.

Ein Bauer hat 178 Rinder, 132 Schweine, 41 Schafe, 5 Katzen und einen Hund. Wie viele Tiere leben auf seinem Bauernhof?

Bildlich vorstellen! Du kannst dir sicher vorstellen, wie es in diesem Stall aussieht. Fülle wieder die Lücken aus:

Zahlenangaben Gegeben sind die Zahlenangaben ____ Rinder, ____ Schweine, ____ Schafe, ____ Katzen, ____ Hund.

Hättest du den Hund vergessen? Zahlenangaben können auch ausgeschrieben sein.

Hinweiswort kann fehlen! Diesmal gibt es kein Hinweiswort. Du kannst aber erkennen, dass es sich um eine Aufzählung handelt und du in der Frage das Wort **insgesamt** ergänzen könntest.

Gesucht? Gesucht wird hier die Gesamtzahl der Tiere.

Rechnung Du rechnest also: 178 + 132 + 41 + 5 + 1 = ____.

Antwortsatz Der Antwortsatz lautet: Auf dem Bauernhof leben 357 Tiere.

Additionsaufgabe mit mehreren Fragen

Manchmal beinhalten Textaufgaben auch mehrere Fragen. Das ist kein Grund zur Panik, du beantwortest sie einfach der Reihe nach:

l = Liter Frau Maler möchte ihre Wohnung renovieren. Dazu kauft sie 10 l Farbe für 30 DM. Einige Tage später merkt sie, dass die Farbe nicht ausreichen wird. Deshalb besorgt sie zusätzlich noch einen 5-l-Eimer für 18 DM.

Wie viel Liter Farbe hat sie insgesamt gekauft?

Wie viel hat sie insgesamt bezahlt?

Stell dir die Farbeimer vor:

Die Grundrechenarten
ÜBUNGEN

Beantworte zuerst die Frage nach der Literzahl:
Gegeben: 10 l, 5 l, Hinweiswort _____.
Gesucht: Gesamtliterzahl
Rechnung: ____ l + ____ l = ____ l
Antwort: Frau Maler hat insgesamt 15 l gekauft.
Beantworte nun die zweite Frage:
Gegeben: 30 DM, 18 DM, Hinweiswort ____.
Gesucht: Gesamtpreis
Rechnung: ____ DM + ____ DM = ____ DM
Antwort: Frau Maler hat insgesamt 48 DM für Farbe bezahlt.

Bisher sind dir schon einige Wörter begegnet, die auf die Rechenart der Addition hindeuten. Du findest sie und noch weitere Hinweiswörter in der folgenden Zusammenstellung. Vielleicht fallen dir selbst noch mehr ein?

Hinweiswörter für die Addition
insgesamt, zusammen, zusätzlich, Gesamtgewicht, Gesamtpreis, Gesamtstrecke, Gesamt-…, mehr, weitere, dazurechnen, erhöht sich um, summieren, vermehrt sich …

Diese Wörter bedeuten: Rechne +

■ Übungen zur Addition ■

Löse die Aufgaben wie bisher:
1. Daniel war am Anfang des Jahres 142 cm groß. Im Verlauf des Jahres ist er um 13 cm gewachsen. Wie groß ist er jetzt?   cm = Zentimeter
2. Die Familie Prinz ist umgezogen. Für die neue Wohnung kauft sie ein Regal für 76 DM, einen Schrank für 345 DM und eine Kinderschaukel für 290 DM. Wie viel muss die Familie insgesamt bezahlen?
3. Stefanie möchte ihr Taschengeld aufbessern. Sie trägt Zeitungen aus und bekommt für 10 Stunden Austeilen 70 DM. Außerdem mäht sie noch den Rasen der Nachbarn und bekommt 25 DM für 5 Stunden. Wie viele Stunden hat Stefanie gearbeitet und wie viel hat sie dabei verdient?

Die Subtraktion

Minus heißt Rest oder Unterschied.

Bei Subtraktionsaufgaben muss man entweder einen Rest (etwas, das übrig bleibt) oder den Unterschied zwischen zwei Größen ausrechnen.

Subtraktionsaufgabe mit Rest

In der ersten Subtraktionsaufgabe ist ein Rest gesucht:

°C = Grad Celsius

An einem heißen Sommertag steigt die Temperatur auf 37°C. Nach einem Gewitter am Abend fällt das Thermometer um 15°C. Wie viel Grad sind es jetzt noch?

Bildlich vorstellen!

Stelle dir zunächst wieder die in der Aufgabe beschriebene Situation vor:

Fülle nun die Lücken aus:

Zahlenangaben

Gegeben sind die Zahlen: Temperatur vor Gewitter ____°C, Temperaturabfall um ____°C.

Hinweiswort

Das Hinweiswort für die Subtraktion heißt: **fällt**.

Die Temperatur nimmt also ab und du sollst ausrechnen, wie viel Grad noch übrig bleiben.

Rechnung

Damit lautet die Rechnung: 37°C – 15°C = ____°C.

Antwortsatz

Nun lässt sich die Aufgabe in einem Satz beantworten:
Die Temperatur fiel nach dem Gewitter auf 22°C.

Die Grundrechenarten
SUBTRAKTION

Subtraktionsaufgabe mit Unterschied

In der nächsten Textaufgabe geht es darum, einen Unterschied zwischen zwei Größen zu berechnen. Auch hier musst du wieder subtrahieren:

Nach dem Bau hatte das Empire State Building in New York eine Höhe von 381 Metern. Mit dem einige Jahre später gebauten Fernsehturm hat das Hochhaus nun eine Gesamthöhe von 448 Metern. Wie hoch ist der Fernsehturm?

Rechts siehst du ein Foto vom Empire State Building. In dieser Aufgabe sind folgende Zahlen gegeben:

Höhe ohne Fernsehturm 381 m und Höhe mit Fernsehturm 448 m.

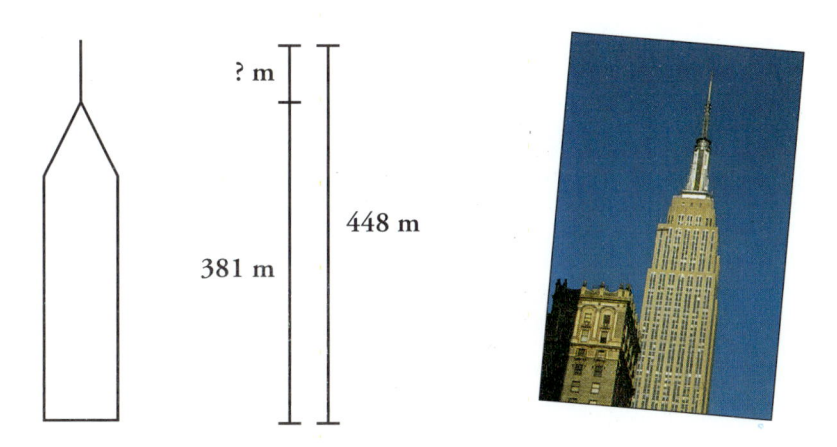

Hast du das Hinweiswort **Gesamthöhe** gelesen und gedacht, dass du hier addieren musst?

Addition und Subtraktion sind eng miteinander verwandt, deshalb muss man aufpassen, wonach gefragt wird.

Gesucht wird der **Unterschied** zwischen der Gesamthöhe und der Höhe ohne Fernsehturm, das ist genau die Höhe des Fernsehturmes (es wurde nicht nach der Gesamthöhe gefragt). Um einen Unterschied (auch Differenz genannt) auszurechnen, musst du also subtrahieren.

Nun ist die Rechnung leicht:

448 m − 381 m = _____ m

Du kannst antworten:

Der Fernsehturm des Empire State Buildings ist 67 m hoch.

Subtraktionsaufgabe mit mehr als zwei Zahlen

Lies die nächste Aufgabe gut durch und stelle dir die beschriebenen Gegenstände vor:

Herr Friedrichs hat 20 000 DM gespart. Er kauft sich davon einen Gebrauchtwagen für 11 998 DM, einen Satz Winterreifen für 588 DM und einen PKW-Anhänger für 2 990 DM. Wie viel bleibt von seinen Ersparnissen noch übrig?

Gegebene Zahlen
Folgende Zahlen sind gegeben: Erspartes _____ DM, Gebrauchtwagen _____ DM, Winterreifen _____ DM, PKW-Anhänger _____ DM.

Hinweiswort
Das Hinweiswort **übrig** deutet darauf hin, dass ein Rest zu berechnen ist und man daher subtrahieren muss:

Rechnung
20 000 DM − 11 998 DM − 588 DM − 2 990 DM = 4 424 DM

Antwortsatz
Also bleiben Herrn Friedrichs noch 4 424 DM.

Subtraktionsaufgabe mit mehreren Fragen

Eine Veranstaltungshalle hat Platz für 8 000 Menschen. Es gibt 3 750 Sitzplätze, der Rest sind Stehplätze. Vor einem Rockkonzert sind bereits 2 534 Karten für Sitzplätze und 3 293 Karten für Stehplätze verkauft.

a) Wie viel Stehplätze gibt es?
b) Wie viel Steh- und Sitzplätze sind für das Konzert noch frei?

Skizze zeichnen!
Wenn du bei dieser Aufgabe Schwierigkeiten hast, dir die Situation bildlich vorzustellen, kannst du auch eine **Skizze zeichnen**. Das hilft dir, bei komplizierten Aufgaben nicht den Überblick zu verlieren und auf den Rechenweg zu kommen. Eine Skizze könnte so aussehen:

8 000 Plätze

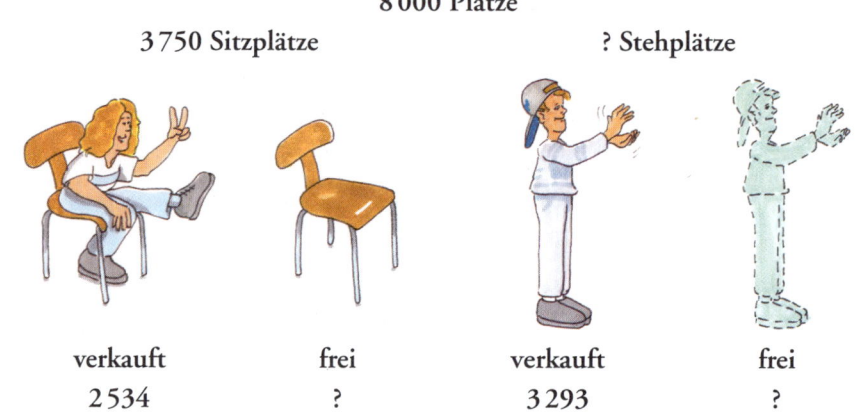

3 750 Sitzplätze		? Stehplätze	
verkauft	frei	verkauft	frei
2 534	?	3 293	?

Die Grundrechenarten
ÜBUNGEN

Nun beantwortest du die Fragen wieder der Reihe nach:
zu a) Gegeben sind 8 000 Gesamtplätze und 3 750 Sitzplätze. Du hast dir bestimmt schon überlegt, dass die Stehplätze der „Rest" sind, wenn man von den Gesamtplätzen die Sitzplätze abzieht (Hinweiswort **Rest**).
Die Rechnung ergibt: 8 000 − _____ = 4 250, das heißt, es gibt 4 250 Stehplätze.
zu b) Jetzt betrachtest du Stehplätze und Sitzplätze getrennt:
Es gibt 3 750 Sitzplätze, davon sind 2 534 bereits verkauft.
Rechne 3 750 − _____ = 1 216. Es sind noch 1 216 Sitzplätze frei.
Es gibt 4 250 Stehplätze, davon sind 3 293 schon verkauft.
Rechne 4 250 − _____ = 957. Damit sind noch 957 Stehplätze frei.

Dieser Rhythmus geht voll ins Blut!

Hinweiswörter für die Subtraktion
Rest, bleibt übrig, Nachlass, Rabatt, wie viel fehlt zu, um wie viel mehr (größer, schneller …), vermindert sich um, reduziert sich um, weniger …

Diese Wörter bedeuten: Rechne −

■ Übungen zur Subtraktion ■

1. Ein Hotel hatte im vorletzten Jahr 12 985 Gäste. Im letzten Jahr waren es 876 Gäste weniger. Wie viele Gäste waren es im letzten Jahr?
2. Die Erde hat einen Durchmesser von 12 756 km. Der Durchmesser vom Planeten Mars ist um 5 962 km kleiner. Der Monddurchmesser ist um 3 318 km kleiner als der Durchmesser vom Mars. Wie groß sind die Durchmesser von Mars und Mond? 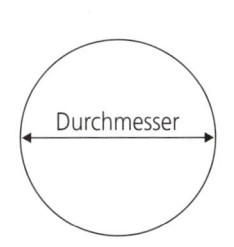
3. Einem Supermarkt werden insgesamt 860 kg Obst geliefert: Davon sind 391 kg Bananen, 276 kg Äpfel und 101 kg Orangen. Der Rest besteht aus Birnen. Nach wenigen Tagen sind noch 56 kg Bananen, 31 kg Äpfel, 22 kg Orangen und 14 kg Birnen übrig.
   a) Wie viel Birnen wurden geliefert?
   b) Wie viel Bananen, Äpfel, Orangen und Birnen wurden verkauft?

kg = Kilogramm

Gemischte Aufgaben: Addition und Subtraktion

Bisher hast du Aufgaben entweder durch Addition oder durch Subtraktion gelöst, für die folgende Textaufgabe aber brauchst du beide Rechenarten:

Eine Schule hat 985 Schüler, davon sind 481 Mädchen. In den Abschlussklassen sind 52 Jungen und 59 Mädchen. Im nächsten Schuljahr werden 45 Mädchen und 47 Jungen neu hinzu kommen.

a) Wie viele Jungen und Mädchen besuchen im neuen Schuljahr diese Schule?
b) Wie viele Schüler hat die Schule dann insgesamt?

Auch hier ist eine Skizze nützlich:

In dieser Aufgabe sind viele Zahlen gegeben, die Rechnung ist trotzdem nicht schwer:

Gegebene Zahlen
Zur Zeit: 985 Schüler, 481 Mädchen
Abgänge: 59 Mädchen, 52 Jungen
Zugänge: 45 Mädchen, 47 Jungen

Zwischenüberlegung und -rechnung!
Überlege zuerst die jetzige Anzahl der Jungen: $985 - 481 = 504$.
Von dieser Anzahl gehen 52 Jungen ab und es kommen 47 hinzu:
$504 - \_\_\_\_ + \_\_\_\_ = 499$.
Die Anzahl der Mädchen im neuen Schuljahr wird genauso berechnet: $481 - \_\_\_\_ + \_\_\_\_ = 467$.
Die neue Gesamtzahl der Schüler ist natürlich die Summe der Jungen und Mädchen: $499 + 467 = 966$.

Antwort
Im nächsten Schuljahr sind es 499 Jungen, 467 Mädchen, insgesamt 966 Schüler.

Die Grundrechenarten
ÜBUNGEN

■ Übungen zur Addition und Subtraktion ■

Entscheide dich in den ersten fünf Aufgaben für die Rechenart der Addition oder Subtraktion und rechne:

1. Ein Heißluftballon startet in einer Höhe von 456 m. In welcher Höhe befindet sich der Ballon, wenn er um 1 596 m gestiegen ist?
2. Der Nil hat eine Gesamtlänge von 6 670 km, der Rhein ist um 5 350 km kürzer. Wie lang ist der Rhein?
3. Sarah und Michael stellen sich zusammen auf die Waage. Sie zeigt 93 kg an. Michael allein wiegt 49 kg. Wie viel wiegt Sarah?
4. Eine Kunstausstellung dauert vier Wochen. In der ersten Woche kommen 34 576 Besucher, in der zweiten 48 124 und in den letzten zwei Wochen 93 152 Besucher. Wie viel Besucher waren es insgesamt?
5. Ein im Bau befindlicher Tunnel soll eine Gesamtlänge von 2 519 m haben. Von der einen Seite ist der Tunnel bereits 593 m lang, von der anderen Seite 843 m. Wie viel m fehlen noch bis zur Fertigstellung?

Für die folgenden Aufgaben brauchst du beide Rechenarten:

6. Eine Firma produziert Glühbirnen. An einem Tag werden 25 000 40-Watt-, 17 000 60-Watt- und 16 000 75-Watt-Glühbirnen hergestellt. Insgesamt sind an diesem Tag 1 224 Birnen fehlerhaft. Wie viel Glühbirnen können ausgeliefert werden?
7. Ein Passagierschiff bietet 532 Passagieren Platz. Für eine Kreuzfahrt sagten von den 497 angemeldeten Passagieren kurzfristig 23 wieder ab. Danach buchten noch 51 Passagiere neu. Wie viel freie Plätze gibt es noch für diese Fahrt?
8. Mark und Benjamin sammeln Abziehbilder von Fußballspielern.
   Mark hat 85 Stück und Benjamin 91.
   Sie tauschen: Mark erhält von Benjamin 12 Bilder und Benjamin von Mark 9.
   a) Wie viele Bilder jeweils haben Mark und Benjamin jetzt?
   b) Wie viele Abziehbilder haben beide zusammen?

Die Multiplikation

Bei Multiplikationsaufgaben geht es immer darum, Vielfache einer gegebenen Größe auszurechnen. Diese Aufgaben könnte man auch durch Addition lösen, das wird aber bei großen Zahlen viel zu umständlich.

Einfache Multiplikationsaufgabe

Genau durchlesen! Lies dir nun die folgende Aufgabe genau durch:
An einem Schulturnier nehmen 4 Basketballmannschaften teil. Eine Mannschaft besteht aus je 7 Spielern. Wie viele Schüler spielen Basketball?

Bildlich vorstellen! Stell dir die Aufgabe zunächst bildlich vor:

Gegebene Zahlen Gegeben sind die Zahlen: ____ Mannschaften, ____ Spieler pro Mannschaft.

Hinweiswort Das Hinweiswort für die Multiplikation heißt: **je**.

Gefragt? Gefragt wird nach der Gesamtzahl der Basketballspieler. Das Wort Gesamtzahl deutet schon an, dass du hier auch addieren könntest. Dann würdest du rechnen: 7 + 7 + 7 + 7 = 28.

Rechnung Das bedeutet aber nichts anderes als die Rechnung: 4 · 7 = 28.
Du siehst, dass Multiplizieren viel schneller geht (und bei größeren Zahlen sowieso leichter ist).

Antwort Es nehmen 28 Schüler am Basketballturnier teil.

Die Grundrechenarten
MULTIPLIKATION

Multiplikationsaufgabe mit mehr als zwei Zahlen

Dieser Typ Textaufgabe lässt sich durch Zwischenüberlegungen und Zwischenrechnungen leicht lösen. Betrachte die nächste Aufgabe:
Eine Spielwarenfabrik liefert Teddys per Schiff aus. Es werden 5 Container mit Kartons beladen. In jeden Container passen 88 Kartons mit 25 Teddys pro Karton. Wie viele Teddys werden ausgeliefert?
Stell dir die Situation bildlich vor:

In dieser Aufgabe sind die folgenden Zahlen gegeben: _____ Container, _____ Kartons pro Container, _____ Teddys pro Karton.

Die Wörter **jeden** und **pro** deuten auf Multiplikation hin. Gesucht wird die Gesamtzahl der Teddys.

Du hast es hier leichter, wenn du eine Zwischenrechnung durchführst. Überlege zunächst, wie viel Teddys sich in einem Container befinden. Dazu musst du die Anzahl der Kartons pro Container mit der Anzahl der Teddys pro Karton multiplizieren:

88 · 25 Teddys = 2 200 Teddys. Also wird jeder Container mit _____ Teddys beladen.

Nun ist es nur noch ein kleiner Schritt bis zum Endergebnis: Multipliziere die Anzahl der Container mit der Anzahl der Teddys pro Container:

_____ · 2 200 Teddys = 11 000 Teddys. Abgekürzt lässt sich diese Rechnung auch so schreiben:

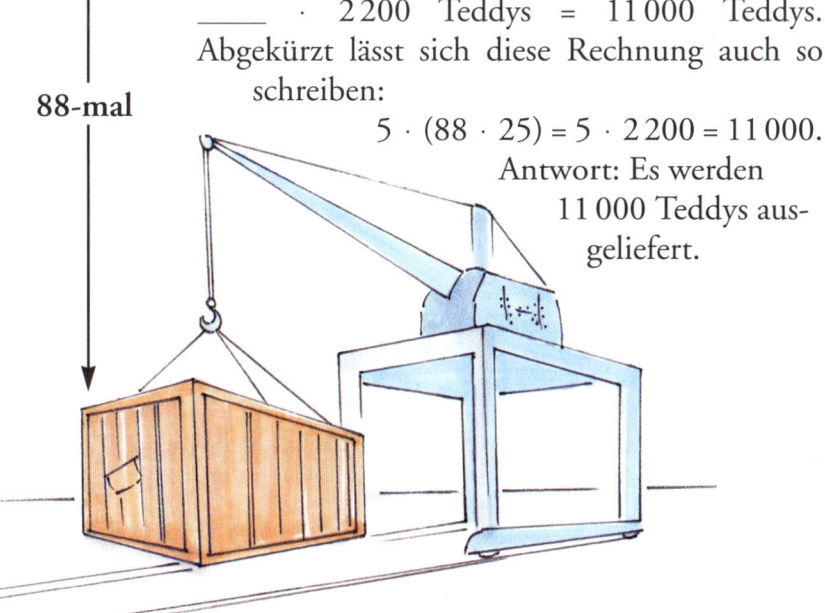

5 · (88 · 25) = 5 · 2 200 = 11 000.
Antwort: Es werden 11 000 Teddys ausgeliefert.

Zwischenüberlegungen helfen!

25-mal

88-mal

Vergleichsaufgabe zur Multiplikation

Manchmal musst du bei Textaufgaben mehrere Dinge miteinander vergleichen. Dann lauten die Fragen etwa so: Was ist schwerer, leichter, teurer, günstiger, höher, schneller oder größer?

Die folgende Vergleichsaufgabe lässt sich durch Multiplikation lösen:

Pf = Pfennig

Julia und Laura wollen ein Eis essen. Julia kauft 3 Kugeln für 80 Pf pro Kugel, Laura kauft 5 Kugeln für 50 Pf pro Kugel. Welches Eis ist teurer? Du kannst dir dieses Bild vorstellen:

— 80 Pf   — 50 Pf

Gegebene Zahlen

Trage die gegebenen Zahlen ein:
Julia ____ Kugeln, ____ Pf pro Kugel;
Laura ____ Kugeln, ____ Pf pro Kugel.

Hinweiswort

Das Hinweiswort für die Multiplikation heißt ____.

Du sollst den Preis von Julias Eis mit dem Preis von Lauras Eis vergleichen.

Berechne zuerst, wie viel Julia bezahlt. Dazu musst du die Anzahl der Kugeln mit dem Preis pro Kugel multiplizieren:

1. Rechnung

3 · 80 Pf = 240 Pf = 2 DM und 40 Pf.
Julia muss also 2 DM und 40 Pf bezahlen.

Genauso berechnest du den Preis für Lauras Eis:

2. Rechnung

5 · 50 Pf = 250 Pf = 2 DM und 50 Pf.
Laura bezahlt 2 DM und 50 Pf.

Nun kannst du die Preise vergleichen und antworten:

Antwort

Lauras Eis ist teurer als Julias Eis.

Mehr muss man nicht beantworten, da nicht nach dem Preisunterschied gefragt war.

Die Grundrechenarten
ÜBUNGEN

Mittlerweile bist du schon in der Lage, Multiplikationsaufgaben allein zu lösen. Vorher kannst du dir noch die Hinweiswörter für die Multiplikation ansehen.

Hinweiswörter für die Multiplikation
jeweils, je, pro, doppelt, dreifach, …fach, zweimal, dreimal, …-mal, …

Hier nimmst du mal.

▪ Übungen zur Multiplikation ▪

1. Ein neuer Comic soll gezeichnet werden. Der fertige Comic soll aus 44 Seiten mit jeweils 9 Zeichnungen pro Seite bestehen. Wie viele Zeichnungen muss der Zeichner anfertigen?
2. Eine Seeschildkröte legt durchschnittlich 20 Eier. Wenn ein Legeort von 345 Schildkröten genutzt wird, wie viele kleine Schildkröten schlüpfen dann dort aus den Eiern (vorausgesetzt, die Eier werden nicht geraubt)?
3. Während einer Urlaubsreise muss Frau Leer ihren Wagen dreimal volltanken. Sie tankt jedesmal 55 Liter für einen Literpreis von 155 Pf. Wie viel muss sie insgesamt bezahlen?
4. Was wiegt mehr: 5 Pizzas, wenn jede 350 g wiegt, oder 8 Portionen Spagetti, wenn eine Portion 240 g wiegt?
5. Ein Mensch schläft etwa 8 Stunden an einem Tag.
    a) Wie viele Stunden schläft er pro Jahr (1 Jahr = 365 Tage)?
    b) Wie viele Stunden hat ein 80-Jähriger bereits geschlafen?

Tipp: Zuerst Gesamtliter ausrechnen!

Vergleiche!

Die Division

Die Rechenart der Division wendest du an, wenn du wissen willst, wie oft eine Größe in die andere hineinpasst oder wie groß ein bestimmter Anteil einer Größe ist.

Division: Wie oft passt eine Größe in die andere hinein?

Lies dir zu diesem Aufgabentyp die nächste Aufgabe genau durch: Ein afrikanischer Elefantenbulle wiegt etwa 5 700 kg, ein Mensch wiegt durchschnittlich 75 kg. Wievielmal schwerer als ein Mensch ist der Elefant?

Gegebene Zahlen Trage die gegebenen Zahlen ein: Elefant ____ kg, Mensch ____ kg.
Hinweiswort Das Hinweiswort ist in der Frage enthalten: _____.
Gesucht Die Frage lautet, wievielmal schwerer als der Mensch der Elefant ist, oder anders gesagt, wie viele Menschen zusammen das gleiche Gewicht wie ein einziger Elefant haben.

Du musst also das Gewicht des Elefanten durch das Gewicht des Menschen teilen:

Rechnung 5 700 kg : 75 kg = 76.
Ein Elefant hat damit das gleiche Gewicht wie ____ Menschen.
Antwort Antworte: Ein Elefant ist 76-mal schwerer als ein Mensch.

Afrikanischer Elefant mit seinem Pfleger

Die Grundrechenarten
DIVISION

Division: Teile eine Größe in gleiche Teile

In anderen Divisionsaufgaben wird danach gefragt, wie groß ein bestimmter Anteil einer Größe ist.

Das folgende Beispiel zeigt dir, was damit gemeint ist:

Max und Paul wollen eine Fahrradtour machen. Sie möchten in 5 Tagen eine Strecke von 270 km bewältigen.

a) Wie viele Kilometer müssen sie durchschnittlich an einem Tag fahren?
b) Wie oft übernachten sie während der Fahrradtour?

Hier hilft dir erneut eine Skizze, dir die Situation vorzustellen:

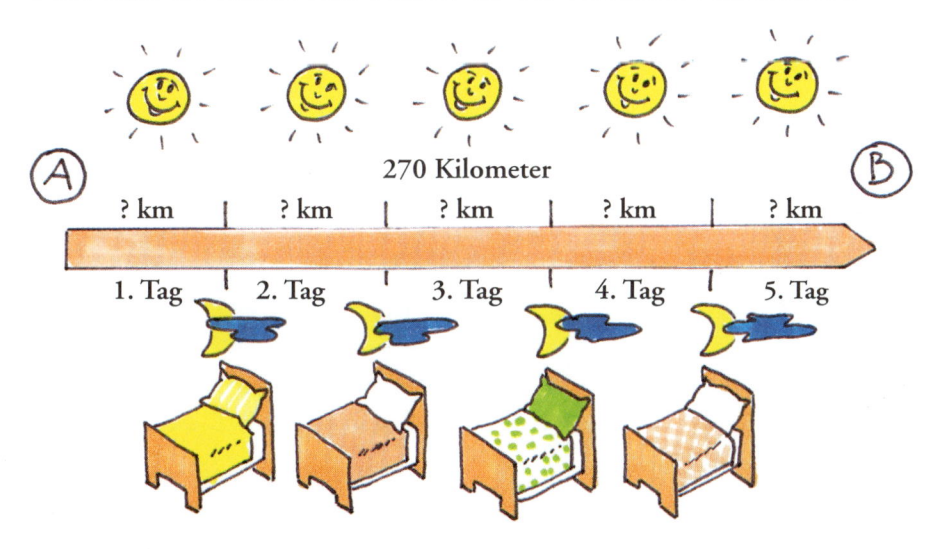

zu a) Schreibe zunächst die gegebenen Zahlen heraus:
____ Gesamtstrecke, ____ Tage

Das Hinweiswort heißt: **durchschnittlich.**

Gesucht ist die Strecke, die Max und Paul pro Tag zurücklegen müssen. Dafür muss man die Gesamtstrecke in 5 gleich lange Teile teilen, also die Strecke durch 5 dividieren:

270 km : 5 = 54 km

Max und Paul müssen 54 km pro Tag fahren.

zu b) Manchmal stellen Fragen im Zusammenhang mit Divisionsaufgaben eine „Falle" dar. Spontan würde man sagen: „Die beiden sind 5 Tage unterwegs, also übernachten sie 5-mal." Das stimmt aber nicht, da sie ja nur die Nächte zwischen den 5 Tagen übernachten (siehe Skizze).

Max und Paul übernachten also 4-mal.

Division: manchmal eine Falle.

Divisionsaufgaben mit mehreren Divisionen

Um die folgende Aufgabe zu lösen, muss man mehrmals dividieren. Lies zunächst die Aufgabe gut durch:

Herr Schmidt gewinnt 126 342 DM im Lotto. Die eine Hälfte behält er selbst und die andere Hälfte verteilt er zu gleichen Teilen an seine 3 Kinder.

Wie viel Geld behält Herr Schmidt und wie viel bekommt jedes einzelne Kind?

Du solltest wieder eine Skizze anfertigen:

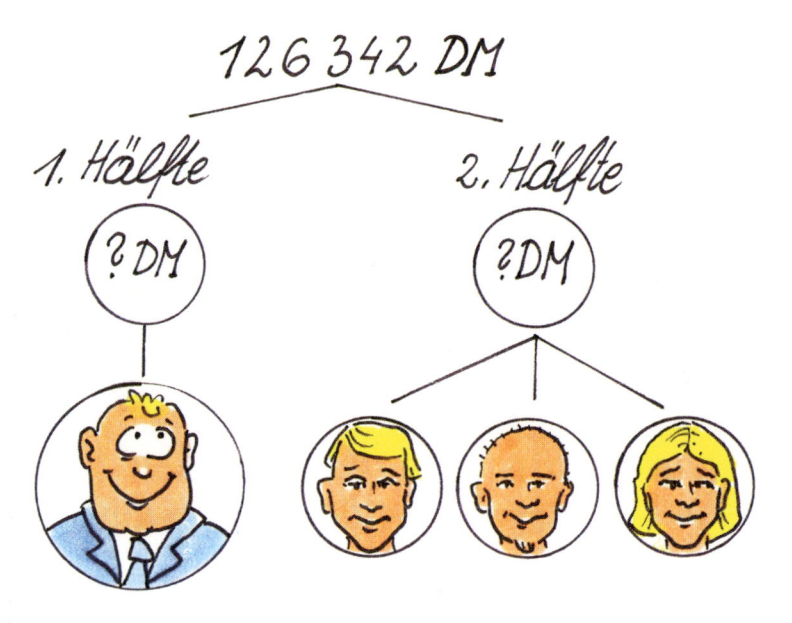

Schreibe zunächst die gegebenen Zahlen heraus:
Lottogewinn _____ DM, ____ Kinder.
Die Hinweiswörter **Hälfte** und **zu gleichen Teilen** spielen hier eine wichtige Rolle zur Lösung der Aufgabe.
Gefragt wird nach der Aufteilung des Lottogewinns.
Herr Schmidt behält die Hälfte des Gewinns, teile dazu den Gewinn durch 2: _____ : 2 = 63 171 DM.
Herr Schmidt behält also 63 171 DM von seinem Gewinn.
Die andere Hälfte, ebenfalls 63 171 DM, verteilt er auf seine 3 Kinder; dazu muss er diesen Anteil durch 3 teilen:
63 171 DM : ____ = 21 057 DM.
Jedes Kind erhält also 21 057 DM.

Die Grundrechenarten
ÜBUNGEN

Auch für die Division gibt es spezielle Hinweiswörter, die du in der folgenden Zusammenstellung findest. Trotz der Hinweiswörter musst du die Aufgabe genau durchlesen, da Multiplikation und Division eng miteinander verwandt sind.

Hinweiswörter für die Division
teilen, aufteilen, verteilen, die Hälfte, ein Drittel, ein Viertel, zu gleichen Teilen, wie viel … pro …, durchschnittlich …

Dividieren heißt teilen.

▪ Übungen zur Division ▪

1. Familie Braun fährt die Strecke von 392 km zum Urlaubsort in 4 Stunden. Welcher Durchschnittsgeschwindigkeit entspricht das (in km pro Stunde)?
2. Myriam und Christian bezahlen für 14 Tage Zelten auf einem Campingplatz 112 DM. Wie viel kostet das Zelten an einem Tag?
3. Ein Kino verfügt an einem Abend über eine Gesamteinnahme von 3 872 DM. Wie viele Besucher hatte das Kino, wenn der Eintritt 11 DM kostet?
4. Das Durchschnittsalter in einer Schulklasse liegt bei 12 Jahren. Wie viele Schüler sind in dieser Klasse, wenn alle zusammen 396 Jahre alt sind?
5. Der Wald eines Landkreises umfasst eine Fläche von 2 760 ha (Hektar). Die eine Hälfte ist Laubwald, die andere Nadelwald. Der Laubwald besteht zu gleichen Teilen aus Eichen, Buchen, Birken, Ahorn- und Kastanienbäumen. Der Nadelwald besteht zur Hälfte aus Tannen sowie zu je einem Viertel aus Fichte und Kiefer.
Wie viel ha der jeweiligen Waldart gehört dem Landkreis und wie viel ha der verschiedenen Baumarten gibt es?

Ich glaub, ich steh im Wald.

Gemischte Aufgaben: Multiplikation und Division

Für die nächste Aufgabe brauchst du sowohl die Rechenart der Multiplikation als auch die der Division:
Eine Papierfabrik stellt aus alten Zeitungen Schreibblöcke her. Eine Zeitung wiegt 300 g, ein Schreibblock 400 g.
Wie viele Schreibblöcke kann diese Fabrik aus 2 500 alten Zeitungen herstellen?
Stell dir die Situation so vor:

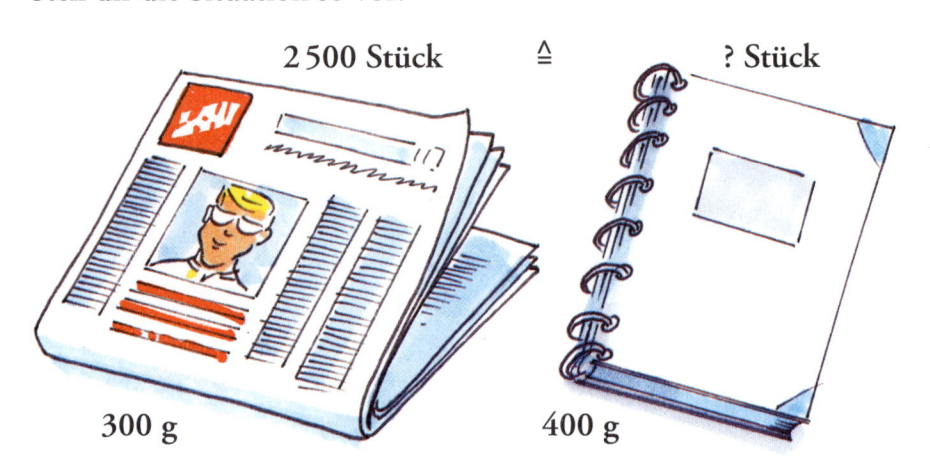

2 500 Stück ≙ ? Stück

300 g   400 g

Gegebene Zahlen	Trage die gegebenen Zahlen ein: Gewicht Zeitung ____ g, Gewicht Schreibblock ____ g, Anzahl Zeitungen _____ Stück.
Zwischen- überlegung	Hier fehlt ein Hinweiswort für die Rechenart, aber es hilft eine Zwischenüberlegung, um auf die gesuchte Anzahl der Schreibblöcke zu kommen: Zuerst kannst du das Gesamtgewicht der 2 500 Zeitungen ausrechnen; aus diesem Gewicht lässt sich dann die Anzahl der Blöcke leicht ermitteln.
1. Rechnung	Gesamtgewicht der Zeitungen: 2 500 · 300 g = 750 000 g. Nun musst du überlegen, wie viele Blöcke mit dem Gewicht 400 g zusammen 750 000 g wiegen. Dazu musst du teilen:
2. Rechnung	750 000 g : ____ g = 1 875. Damit hast du diese Aufgabe schon gelöst:
Antwort	Es können 1 875 Schreibblöcke hergestellt werden.

Die Grundrechenarten
ÜBUNGEN

■ Übungen zur Multiplikation und Division ■

In den ersten fünf Aufgaben multiplizierst oder dividierst du:

1. Frau Freis bezahlt 1 148 DM Miete für eine 82-m^2-Wohnung. Wie viel Miete kostet ein Quadratmeter?
2. In einem Restaurant sitzen an 9 Tischen jeweils 4 Leute. Wie viele Gäste befinden sich im Restaurant?
3. Der Verwaltungsangestellte Franz fährt 23 km von seiner Wohnung bis zum Büro. Wie viele Kilometer sind das in einem Monat mit 21 Arbeitstagen? (Beachte: er fährt hin und zurück!)
4. Michael möchte seine 255 Fotos in ein Fotoalbum mit 85 Seiten einkleben. Wie viele Fotos muss er auf einer Seite unterbringen?
5. Ein Fernsehsender zeigt in jeder Stunde vier Werbeblöcke. Jeder Werbeblock dauert 5 Minuten. Wie viele Minuten Werbung sind das, wenn der Sender 24 Stunden am Tag sendet?

Für die folgenden Aufgaben brauchst du beide Rechenarten:

6. Katja feiert ihren Geburtstag. Ihre Mutter hat 3 Schachteln mit je 12 Schokoküssen eingekauft. Wie viele Schokoküsse kann jedes Kind essen, wenn insgesamt 9 Kinder feiern?
(Tipp: Rechne zuerst die Gesamtzahl der Schokoküsse aus.)
7. Für einen Veranstaltungssaal steht eine bestimmte Anzahl von Stühlen zur Verfügung. Der Veranstalter überlegt sich die Bestuhlung für einen Diavortrag: Möglich wären 24 Reihen mit je 15 Plätzen. Wie viele Reihen entstehen, wenn nur 12 Personen in einer Reihe sitzen?
8. Eine Baumallee hat eine Länge von 1 504 m. Die Bäume haben jeweils einen Abstand von 8 m. Aus wie vielen Bäumen besteht diese Allee? (Diese Aufgabe hat es in sich: Bedenke, dass an beiden Straßenseiten Bäume stehen und am Anfang und am Ende ein Baum steht!)

Eine Baumallee in Norddeutschland

Jetzt hast du dir aber eine Pause verdient!!

Gemischte Aufgaben zu allen vier Rechenarten

Inzwischen kennst du Textaufgaben zu allen Rechenarten und kannst nun auch gemischte Aufgaben lösen. Viele dieser Aufgaben sehen auf den ersten Blick abschreckend aus: Sie sind lang und enthalten viele Zahlenangaben und Fragen.

Du wirst jedoch auch diese Aufgaben leicht lösen können, wenn du dir Zeit nimmst und die Fragen der Reihe nach beantwortest:

Ein LKW mit einem zulässigen Gesamtgewicht von 18 000 kg und einem Leergewicht von 5 000 kg beliefert eine Baustelle. Der LKW fährt dreimal: Mit der ersten Fuhre liefert er 10 344 kg Kies, mit der zweiten liefert er 231 Säcke Zement zu je 50 kg und mit der dritten Fuhre bringt er 4 181 Steine. Jeder Stein wiegt 3 kg.

a) Wie viel kg hat der LKW insgesamt abgeliefert?
b) Wie viel Gewicht hätte der LKW noch zusätzlich mit diesen drei Fahrten transportieren können, wenn er das zulässige Gesamtgewicht voll ausgenutzt hätte?
c) Wie groß war das durchschnittlich transportierte Gewicht pro Fahrt?

Schreibe zunächst wieder die gegebenen Zahlen heraus:
Gesamtgewicht LKW _____ kg, Leergewicht LKW _____ kg, Gewicht Kies _____ kg, Gewicht Zementsack _____ kg (_____ Säcke), Gewicht Stein _____ kg (_____ Steine).

zu a) Berechne das mit jeder Fuhre transportierte Gewicht und addiere die Gewichte.
1. Fuhre _____ kg, 2. Fuhre: 231 · 50 kg = _____ kg, 3. Fuhre: 4 181 · 3 kg = _____ kg.
Insgesamt: 10 344 kg + 11 550 kg + 12 543 kg = 34 437 kg.

zu b) Berechne zunächst, wie viel der LKW pro Fahrt transportieren darf: 18 000 kg – 5 000 kg = 13 000 kg.
Mit 3 Fuhren darf er 3 · 13 000 kg = 39 000 kg transportieren.
Also hatte er noch für 39 000 kg – 34 437 kg = 4 563 kg Platz.

Durchschnitt = Summe : Anzahl

zu c) Für die Berechnung des Durchschnitts teilt man die Summe durch die Anzahl: Der LKW transportierte 34 437 kg, also durchschnittlich 34 437 kg : 3 = 11 479 kg pro Fahrt.

Die Grundrechenarten
ÜBUNGEN

Durchschnitt (Mittelwert) berechnen

Um einen Durchschnitt auszurechnen, teilt man eine Summe durch die Anzahl der zusammengezählten Größen.

Durchschnitt = Mittelwert

> **Beispiel:** Wenn du deinen Notendurchschnitt im Zeugnis berechnen willst, addierst du alle Noten und teilst das Ergebnis durch die Anzahl der Noten (= Anzahl der Fächer).
> Der Durchschnitt ist eine mittlere Note.

■ Gemischte Übungen zu allen Rechenarten ■

Entscheide dich für eine der vier Rechenarten (+, –, ·, :):

1. Ein Hochhaus besteht aus 12 Stockwerken, jedes Stockwerk hat 16 Fenster. Wie viel kostet es, wenn alle Fenster durch Lärmschutzfenster zum Stückpreis von 750 DM ersetzt werden sollen?
2. Philipp möchte sich einen Computer kaufen, der 843 DM kosten soll. Er hat schon 489 DM gespart. Wie viel Geld fehlt ihm noch?
3. Ein Zoo wurde an einem Tag von 2 376 Kindern unter 6 Jahren, 1 745 Schülern und 2 119 Erwachsenen besucht. Wie viel Besucher hatte der Zoo an diesem Tag?
4. In einem Biologiebuch ist eine 6fach vergrößerte Fliege abgebildet. Im Buch hat die Fliege eine Länge von 48 mm. Wie lang ist sie in Wirklichkeit?

Für die nächsten Aufgaben sind die Rechenarten vorgegeben:

5. Rechne : und – : Eine Monatszeitschrift kostet im Abonnement 96 DM im Jahr (ein Jahr hat 12 Monate). Um wie viel ist die Einzelzeitschrift beim Zeitschriftenhändler teurer, wenn sie dort 9 DM kostet?
6. Rechne · und – : Frau Biel möchte eine neue Waschmaschine kaufen. Bei Sofortbezahlung kostet die Waschmaschine 1 198 DM, bei Ratenzahlung bezahlt sie 12 Monate lang 108 DM im Monat. Um wie viel DM wird die Waschmaschine bei Ratenzahlung teurer?

7. Rechne + und : : Die folgende Tabelle zeigt die durchschnittlichen Monatstemperaturen in Grad Celsius (°C) in Deutschland. Berechne die mittlere Temperatur im Jahr.

Jan	Feb	Mär	Apr	Mai	Jun	Jul	Aug	Sep	Okt	Nov	Dez
1	2	4	8	13	16	18	17	14	9	5	1

8. Rechne ·, + und – : Herr Meuer kauft Getränke ein: 12 Flaschen Mineralwasser für 80 Pf pro Flasche, 15 Flaschen Cola für 1,20 DM (1 DM und 20 Pf) und 20 Flaschen Apfelsaft für 1,40 DM pro Flasche. Herr Meuer bezahlt mit einem Hundertmarkschein, wie viel bekommt er zurück?

Nun kannst du die folgenden Aufgaben allein lösen:

9. Eine Schulklasse mit 28 Schülern plant eine Klassenfahrt mit 10 Übernachtungen. Der Bus kostet 756 DM. Eine Übernachtung mit Essen kostet in der Jugendherberge 18 DM pro Person und Tag. Für Besichtigungen werden 420 DM eingeplant. Ein Schwimmbadbesuch kostet 3 DM pro Person.

a) Wie hoch sind die Gesamtkosten?

b) Wie viel kostet die Klassenfahrt für jeden Schüler, wenn noch 25 DM Taschengeld vorgesehen sind?

10. Eine Einzelperson „produziert" in Deutschland etwa 340 kg Hausmüll pro Jahr. Davon sind 102 kg Biomüll, 32 kg Glas und 41 kg Papier.

a) Wie viel wiegt der restliche Müll?

b) Wie viel Müll fällt in einer Gemeinde mit 2 513 Einwohnern in einem Jahr an?

Stell dir Wellensittich-/Kaninchen-Pärchen vor!

11. Caroline gibt Alexander ein Rätsel auf: „Ich habe genauso viele Wellensittiche wie Kaninchen. Alle Wellensittiche sind 5 Jahre und alle Kaninchen 4 Jahre alt. Zusammen sind alle Tiere 27 Jahre alt. Wie viele Kaninchen und Wellensittiche habe ich?"

Die Grundrechenarten

TIPPS

Tipps zum Lösen von Textaufgaben

Auf dieser Seite findest du eine Zusammenstellung aller Tipps und Tricks zum Lösen von Textaufgaben.

> Zauberhaft einfach zum Einprägen, diese Zusammenstellung!

Tipps zum Lösen von Textaufgaben

1. **Genau durchlesen:** Lies dir die Textaufgaben langsam und genau durch. Wenn du beim ersten Durchlesen nicht so richtig verstanden hast, worum es in der Aufgabe geht, liest du sie einfach noch einmal durch.
2. **Bildlich vorstellen oder Skizze zeichnen:** Stelle dir die in der Textaufgabe beschriebene Situation bildlich vor oder fertige bei komplexeren Aufgaben eine Skizze an.
3. **Gegebene Zahlen:** Schaue dir die in der Aufgabe gegebenen Zahlen an und schreibe sie bei schwierigeren Aufgaben heraus.
4. **Hinweiswörter:** Beachte die Hinweiswörter auf die Rechenarten; sie helfen dir, den richtigen Rechenweg zu finden.
5. **Gesucht:** Überlege, nach welcher Größe in der Frage gesucht wird.
6. **Rechenweg überlegen:** Frage dich, wie du aus den gegebenen Größen die gesuchten berechnen kannst. Manchmal sind dazu Zwischenüberlegungen und Zwischenrechnungen notwendig.
7. **Reihenfolge einhalten:** Beantworte bei Aufgaben mit mehreren Fragen die Fragen in der gegebenen Reihenfolge. Manchmal braucht man die Antworten der vorhergehenden Fragen für die nächsten Fragen.
8. **Rechnung:** Rechne nach dem überlegten Rechenweg. Für die Rechnung verwendet man am besten die gleichen Maßeinheiten (die kleinste) und wandelt zum Schluss um (Übungen dazu folgen in den nächsten Kapiteln).
9. **Ergebnis sinnvoll:** Sieh dir dein Ergebnis noch einmal genau an und überlege, ob es sinnvoll ist.
10. **Antwortsatz:** Antworte in einem Satz.

Halte beim Lösen von Textaufgaben stets die Reihenfolge der Tipps ein.

DAS MASS ALLER DINGE
Messen

Längen

In diesem Abschnitt geht es um Textaufgaben, die verschiedene Längeneinheiten (z. B. cm, m, km) enthalten. Am besten wandelt man für die Rechnung alle auftretenden Größen in die gleiche Einheit um.

Rechne in der gleichen Einheit.

Für jede Umrechnung von Größen in andere Maßeinheiten benötigt man Umwandlungszahlen.
Beispielsweise ist die Umwandlungszahl von Millimeter (mm) und Zentimeter (cm) **10**, weil 1 cm genauso lang ist wie **10** mm.
Also sind 60 mm = (60 : **10**) cm = 6 cm (mm $\xrightarrow{:10}$ cm).
Umgekehrt sind 4 cm = (4 · **10**) mm = 40 mm (cm $\xrightarrow{\cdot 10}$ mm). Alle Umwandlungszahlen für Längen findest du in der folgenden Übersicht aufgeführt:

mm $\xrightarrow{:10}$ cm
cm $\xrightarrow{\cdot 10}$ mm

Umwandlungszahl Längen: 10 (1 000)

Umwandlung von Längen	
mm $\underset{\cdot 10}{\overset{:10}{\rightleftarrows}}$ cm $\underset{\cdot 10}{\overset{:10}{\rightleftarrows}}$ dm $\underset{\cdot 10}{\overset{:10}{\rightleftarrows}}$ m $\underset{\cdot 1000}{\overset{:1000}{\rightleftarrows}}$ km	mm = Millimeter cm = Zentimeter dm = Dezimeter m = Meter km = Kilometer

Manchmal treten Größen auch in der **gemischten Schreibweise** auf. Diese kann man dann sowohl in die kleinere als auch in die größere Einheit umrechnen:
5 dm 6 cm = 5 dm + 6 cm = 50 cm + 6 cm = 56 cm
5 dm 6 cm = 56 cm = 56,0 cm = (56 : 10) dm = 5,6 dm
Bei der Umwandlung von Einheiten kann die **Kommaschreibweise** auftreten. Beim Teilen durch 10 verschiebt sich das Komma um eine Stelle nach links, beim Multiplizieren mit 10 um eine Stelle nach rechts.

Messen
LÄNGEN

Textaufgabe mit verschiedenen Längeneinheiten

Markus hat einen Fußweg von 2,3 km zur Schule. Mit einem Schritt legt er 50 cm zurück. Wie viele Schritte benötigt er für seinen Schulweg?

Du kannst auch für diese Aufgabe eine Skizze anfertigen:

Das Größenverhältnis in der Skizze stimmt natürlich nicht mit der Wirklichkeit überein.

2,3 km

50 cm

Schreibe die gegebenen Zahlen heraus: Schulweg ____ km, Schrittlänge ____ cm.

Ein Hinweiswort für die Rechenart fehlt hier.

Gefragt wird nach der Anzahl der Schritte, die Markus für seinen Schulweg benötigt. Du musst also überlegen, wie oft seine Schrittlänge von 50 cm in die 2,3 km hineinpasst. Dafür musst du den Weg durch die Schrittlänge teilen. Für die Rechnung braucht man gleiche Längeneinheiten; am einfachsten ist die **Rechnung in der kleinsten Längeneinheit:**

2,3 km = 2,300 km = 2 300 m = 23 000 dm = 230 000 cm.

Rechne nun 230 000 cm : ____ cm = 4 600.

Antworte in einem Satz: Markus benötigt ____ Schritte.

Nach dem Komma darfst du Nullen ergänzen.

■ Übungen zur Umwandlung von Längen ■

1. Wandle in die angegebene Einheit um:
   a) 500 cm (in m)   b) 4 km (in m)   c) 6 dm (in cm)
   d) 90 mm (in cm)   e) 30 cm (in dm)
2. Achtung, Kommazahlen! Wandle um:
   a) 75 cm (in dm)   b) 3,8 m (in dm)   c) 967 mm (in cm)
3. Wandle schrittweise in die angegebene Einheit um:
   a) 5 dm 3 cm (in mm)   b) 2,597 km (in dm)
   c) 264 mm (in dm)   d) 493 cm (in m)

Maßstabsaufgaben

Wenn du deinen Atlas aufschlägst, findest du unter jeder Karte eine Maßstabsangabe. Mit Hilfe dieser Angabe lassen sich Abstände auf der Karte in wirkliche Entfernungen umrechnen:

Auf einer Karte im Maßstab 1:250 000 beträgt der Abstand (Luftlinie) zwischen Duisburg und Dortmund 19 cm. Wie viele Kilometer sind das in Wirklichkeit?

Um dir diesen Aufgabentyp besser vorstellen zu können, kannst du in einem Atlas nachsehen.

Gegeben sind die Zahlenangaben:

Maßstab 1:250 000 (sprich: **1 zu 250 000**), Abstand 19 cm.

Karte → Wirklichkeit

Die Maßstabsangabe bedeutet, dass 1 cm auf der Karte 250 000 cm in der Natur entspricht.

Um 19 cm auf der Karte in die wirkliche Entfernung umzurechnen, musst du also multiplizieren:

250 000 · 19 cm = 4 750 000 cm.

Gefragt war nach der Entfernung in Kilometern, wandle also schrittweise in Kilometer um:

4 750 000 cm = 475 000 dm = 47 500 m
= 47 500,0 m = 47,5 km

Wirklichkeit → Karte

Umgekehrt lassen sich natürlich auch Entfernungen in der Natur in Abstände auf der Karte umrechnen:

Die Entfernung zwischen Leipzig und Dresden beträgt 100 km. Wie viele cm sind das auf einer Karte im Maßstab 1:2 000 000?

Die gegebenen Zahlen sind:

Maßstab _____, Abstand ____ km.

Wandle zunächst die Entfernung in die Einheit Zentimeter um:

100 km = 100 000 m = 1 000 000 dm
= 10 000 000 (= 10 Millionen!) cm

Die Entfernung wird 2 000 000fach verkleinert, dividiere also:

10 000 000 cm : 2 000 000 = 5 cm.

Die Entfernung auf der Karte beträgt also 5 cm.

Messen
ÜBUNGEN

▪ Übungen zu Längen ▪

Rechne die folgenden Aufgaben in der kleinsten Längeneinheit:

1. Eine Leichtathletikbahn in der Halle hat eine Länge von 200 m. Aus wie vielen Runden besteht ein 10-km-Lauf?
2. Ein Draht ist 5,20 m lang. Es werden 5 Teile zu je 14 cm Länge und 9 Teile zu je 3 dm 2 cm Länge abgeschnitten. Wie lang ist der Rest?
3. Herr Zeller möchte in seinem Wohnzimmer eine neue Fußleiste anbringen, um den frisch verlegten Teppichboden besser befestigen zu können. Das Zimmer ist 4,20 m lang und 3,80 m breit. Die Tür ist 80 cm breit. Wie lang ist die Fußleiste insgesamt?

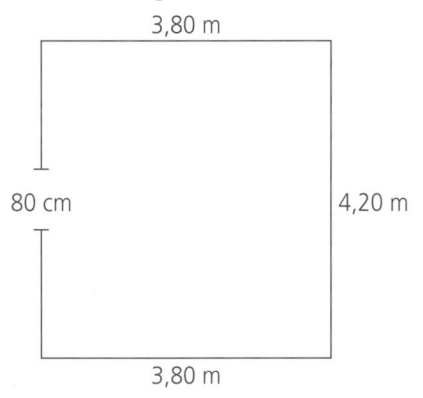

   (Skizze: 3,80 m oben, 4,20 m rechts, 3,80 m unten, 80 cm links)

4. Sandra lässt sich ihre Haare um 8 cm kürzen. Sie besitzt etwa 120 000 Haare. Wie lang wäre die Strecke in Kilometer, wenn man die abgeschnittenen Haare aneinander legt?

Für die nächsten Aufgaben musst du den Maßstab berücksichtigen:

5. Auf einer Karte im Maßstab 1:300 000 haben Dover (England) und Calais (Frankreich) einen Abstand von 16 cm. Wie viele Kilometer sind das in Wirklichkeit?
6. Ein Modellflugzeug im Maßstab 1:48 hat eine Länge von 15 cm und eine Flügelspannweite von 22 cm. Welche Maße hat das Sportflugzeug in Wirklichkeit? (zur Veranschaulichung der Übung siehe auch Foto rechts)
7. Die Meerenge von Gibraltar ist 16 km breit. Wie viele cm sind das auf einer Karte im Maßstab 1:200 000?

Sportflugzeug während der Landung

Gewichte

Die Umrechnung von Gewichtsmaßen in eine andere Einheit funktioniert im Prinzip genauso wie bei den Längen.
Die Umwandlungszahl bei Gewichten ist jedoch immer 1 000. So entsprechen 1 000 Gramm (g) einem Kilogramm (kg).

g $\xrightarrow{: 1000}$ kg
kg $\xrightarrow{\cdot 1000}$ g

Also sind 5 000 g = (5 000 : 1 000) kg = 5 kg.
Umgekehrt entsprechen 7 kg = (7 · 1 000) g = 7 000 g.
Alle Gewichte findest du in der folgenden Übersicht:

Umwandlung von Gewichten

Umwandlungszahl Gewichte: 1 000

$$mg \xrightleftharpoons[\cdot \, 1000]{: \, 1000} g \xrightleftharpoons[\cdot \, 1000]{: \, 1000} kg \xrightleftharpoons[\cdot \, 1000]{: \, 1000} t$$

mg = Milligramm
g = Gramm
kg = Kilogramm
t = Tonne

Bei der Umwandlung der gemischten Schreibweise von Gewichten in eine kleinere Einheit ist Vorsicht geboten, da man manchmal Nullen einfügen muss:
So sind 5 t 419 kg = 5 000 kg + 419 kg = 5 419 kg, aber
      5 t 45 kg = 5 000 kg + 45 kg = 5 **0**45 kg und
      5 t 2 kg = 5 000 kg + 2 kg = 5 **00**2 kg.
Beim Umwandeln der gemischten Schreibweise in die größere Einheit tritt die Kommaschreibweise auf:
6 t 43 kg = 6 043,0 kg = (6 043,0 : 1 000) t = 6,043 t
Das Komma verschiebt sich bei Multiplikation mit 1 000 um 3 Stellen nach rechts, beim Dividieren durch 1 000 um 3 Stellen nach links:

Nullen darfst du am Anfang ergänzen.

5,92 kg = 5,920 kg = (5,920 · 1 000) g = 5 920,0 g = 5 920 g
548,2 mg = **0**548,2 mg = (0 548,2 : 1 000) g = 0,5482 g
Allgemein gilt: Bei der Multiplikation mit einer Zehnerpotenz (10, 100, 1 000 …) verschiebt sich das Komma um die Anzahl der Nullen nach rechts und bei der Division nach links.

Messen
GEWICHTE

Textaufgabe mit verschiedenen Gewichtseinheiten

In der folgenden Textaufgabe treten verschiedene Gewichtseinheiten auf. Für die Rechnung wandelst du in die kleinste Einheit um:

In einem Fahrstuhl ist eine Plakette angebracht: „Zulässiges Gesamtgewicht 1,05 t, maximal 14 Personen". Mit welchem Durchschnittsgewicht pro Person wird hier gerechnet?
Schreibe zunächst die gegebenen Zahlen heraus:
Gesamtgewicht _____ t, _____ Personen.
Das Hinweiswort für die Rechenart heißt: _____.

Rechne in der kleinsten Einheit.

Gesucht wird also das Gewicht pro Person.
Wandle nun das Gesamtgewicht in kg um: 1,050 t = 1 050 kg.
Um das Gewicht einer Person auszurechnen, musst du das Gesamtgewicht durch die Anzahl der Personen teilen:
1 050 kg : 14 = _____ kg.
Antwort: Es wird mit einem Durchschnittsgewicht von 75 kg gerechnet.

■ Übungen zur Umwandlung von Gewichten ■

1. Wandle in die angegebene Einheit um:
   a) 6 000 kg (in t) b) 9 000 mg (in g) c) 7 000 g (in kg)
   d) 7 g 621 mg (in mg) e) 3 t 925 kg (in kg)
2. Hier treten Kommazahlen auf. Wandle um:
   a) 5 kg 357 g (in kg) b) 6 t 391 kg (in t)
   c) 75 g 413 mg (in g) d) 12 kg 518 g (in kg)
3. Achte auf die Nullen!
   a) 3 t 29 kg (in t) b) 19 kg 1 g (in g) c) 763 g (in kg)
   d) 15 g (in kg) e) 2 t 9 kg (in t)

Textaufgaben mit sonstigen Maßangaben

Bisher hast du nur **natürliche Zahlen** (1, 2, 3 …) und Kommazahlen (**Dezimalbrüche**) kennen gelernt. Im Alltag begegnen dir aber auch **echte Brüche**. Schau dir dazu die nächste Aufgabe an:

Der Einkaufszettel von Frau Hauser sieht folgendermaßen aus:

---

1 kg Zucker $\frac{1}{4}$ kg Aufschnitt
$\frac{1}{2}$ kg Hackfleisch   1 l Wasser
3 Pfund Tomaten   500 g Reis
200 g Käse   1 Zentner Kartoffeln

Wie viel wiegen die eingekauften Lebensmittel insgesamt?

Um die gegebenen Maßzahlen addieren zu können, musst du alle Angaben in eine Gewichtseinheit umrechnen.

Die Gewichtsangaben Pfund und Zentner werden heute nicht mehr so häufig verwendet, sie entsprechen folgenden (amtlichen) Gewichtseinheiten:

1 **Pfund** = 500 g = 0,5 kg
1 **Zentner** = 50 kg = 100 Pfund

Die Menge von Flüssigkeiten wird meistens in Litern (oder einem anderen Volumenmaß) gemessen und nicht in Gewichtseinheiten:

1 l Wasser wiegt 1 kg.

1 **Liter** (l) Wasser wiegt (bei 4°C) 1 kg.

Um die obige Aufgabe zu lösen, fehlt dir nun noch die Umrechnung der Brüche in Kommazahlen:

Wichtige Brüche! $\frac{1}{2}$ = 0,5 $\frac{1}{4}$ = 0,25

Wandle nun alle Angaben nacheinander in Gramm um:

Zucker : 1 kg = _____ g
Hackfleisch: $\frac{1}{2}$ kg = 0,5 kg = _____ g
Tomaten: 3 Pfund = 3 · 500 g = _____ g,
Käse: 200 g
Aufschnitt: $\frac{1}{4}$ kg = 0,25 kg = _____ g
Wasser: 1 l = 1 kg = _____ g,
Reis: 500 g
Kartoffeln: 1 Zentner = 50 kg = _____ g

Addiere nun alle Gewichte und erhalte das Gesamtgewicht:
1 000 g + 500 g + 1 500 g + 200 g + 250 g + 1 000 g + 500 g + 50 000 g = 54 950 g = 54,950 kg
Antworte: Der Einkauf wiegt insgesamt 54 kg 950 g.

▪ Übungen zu Gewichten ▪

1. Ein Reitstall verfüttert jeden Tag 5 kg Hafer pro Pferd. Wie lange reicht ein Vorrat von 3 t, wenn 15 Pferde gefüttert werden müssen?
2. Eine Briefmarke wiegt etwa 50 mg. Wie viel Gramm wiegen die Briefmarken von Peter, wenn er 2 380 Briefmarken gesammelt hat?
3. Ein Jumbojet transportiert 450 Personen. Eine Person wiegt im Durchschnitt 75 kg und hat 20 kg Gepäck. Zusätzlich werden noch 6 t Fracht geladen. Wie viel Gewicht transportiert das Flugzeug?
4. Ein Reiskorn wiegt 20 mg. Wie viel Gramm wiegen 15 000 Reiskörner?
5. Ein Flussschiff transportiert 2 400 t Getreide. Im ersten Hafen werden 450 t und im nächsten 510 t ausgeladen. Der Rest wird im dritten Hafen auf einen Güterzug mit 48 Wagons geladen.
    a) Wie viel Tonnen Getreide werden auf einen Wagon des Güterzugs geladen?
    b) Wie viele LKWs braucht man, um das Getreide eines Wagons abzutransportieren, wenn ein LKW genau 6 000 kg Getreide laden kann?
6. Wie viel wiegen die Zutaten für diesen Marmorkuchen:
200 g Butter, 215 g Zucker, 4 Eier (1 Ei wiegt 60 g), 225 g Mehl, 30 g Kakao, 3 EL Milch (1 Esslöffel wiegt 15 g), 20 g Vanillezucker, 10 g Backpulver

Frachtschiff auf dem Main

EL = Esslöffel

Zeit

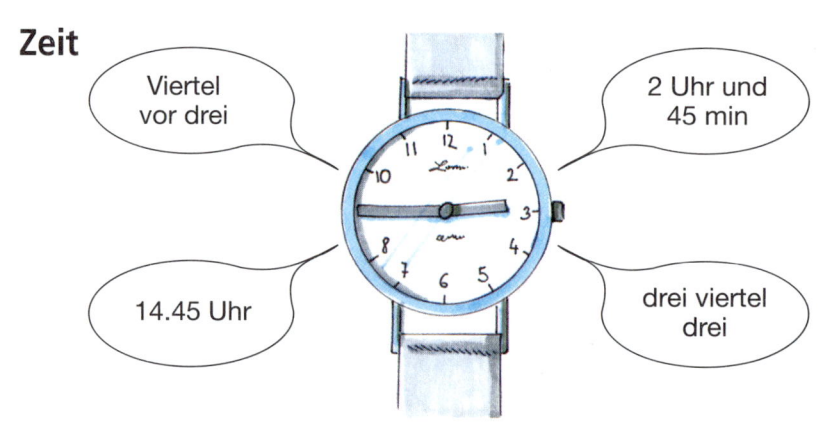

- Viertel vor drei
- 2 Uhr und 45 min
- 14.45 Uhr
- drei viertel drei

Obwohl du täglich mit der Zeit zu tun hast, macht sie es dir nicht leicht: Einerseits vergeht sie zu schnell oder zu langsam, andererseits musst du sie mit anderen Umwandlungszahlen als bisher umrechnen.

h = Stunde

So besteht 1 Stunde (h) aus 60 Minuten (min.)
Damit sind beispielsweise 180 min = (180 : 60) h = 3 h.

min $\xrightarrow{:60}$ h

Wenn man Stunden in Minuten umrechnet, multipliziert man mit 60: 8 h = (8 · 60) min = 480 min.

h $\xrightarrow{·60}$ min

In der folgenden Übersicht findest du die Umrechnungszahlen für weitere Zeitspannen:

Umwandlungszahl Zeit: 60 (24)

Umwandlung von Zeit

$$s \underset{\cdot 60}{\overset{:60}{\rightleftarrows}} min \underset{\cdot 60}{\overset{:60}{\rightleftarrows}} h \underset{\cdot 24}{\overset{:24}{\rightleftarrows}} d$$

s = Sekunde
min = Minute
h = Stunde
d = Tag

Sekunden, Minuten, Stunden und Tage beschreiben eine **Zeitdauer**, eine Zeitangabe wie 11:18 oder 11.18 (11 Uhr 18) bezeichnet einen **Zeitpunkt**. Die Zeitdauer gibt den Unterschied zwischen zwei Zeitpunkten an.

Kommazahlen treten bei Zeitangaben selten auf, sie lassen sich dann nicht mit Kommaverschiebung umrechnen.

Rechne Zeit ohne Komma!

Die Angabe 1,5 h bedeutet zum Beispiel 1 Stunde und **30** Minuten (1 h 30 min). Deshalb ist es besser, die Kommaschreibweise bei Zeitrechnungen ganz zu vermeiden.

Messen
ZEIT

Textaufgabe mit Zeitumrechnung

Für die folgende Aufgabe musst du die Umwandlungszahlen für Zeiten kennen:

Ein Kinofilm dauert 1 h 35 min. Der Filmstreifen besteht aus Einzelbildern, von denen 24 Bilder pro Sekunde gezeigt werden. Aus wie vielen Einzelbildern besteht der ganze Film?

Stell dir die Situation vor:

Die Zeichnung zeigt dir eine Filmrolle mit einem Filmstreifen, der aus einer Vielzahl von Einzelbildern besteht.

Trage die gegebenen Zahlen ein:
Filmlänge _____, Bilder pro Sekunde _____.
Gesucht ist die Gesamtzahl der Bilder.

Wenn man weiß, wie viele Sekunden der Film dauert, muss man die Gesamtsekunden nur noch mit 24 multiplizieren. Wandle also zunächst die Stundenangabe in Sekunden um:
1 h 35 min = 60 min + 35 min = 95 min = (95 · 60) s = 5 700 s

Berechne nun die Gesamtzahl der Bilder:
5 700 · ____ = 136 800.

Antworte: Der Film besteht aus 136 800 Einzelbildern.

■ Übungen zur Umwandlung von Zeiten ■

1. Wandle in die angegebene Einheit um:
   a) 120 s (in min)   b) 4 d (in h)   c) 360 min (in h)
   d) 7 h (in min)   e) 36 min (in s)
2. Wandle jeweils in die kleinste Einheit um:
   a) 2 h 45 min   b) 27 min 56 s   c) 3 d 6 h (in h)
   d) 3 h 32 min 13 s   e) 62 d 21 h 5 min

Zeitdauer und Zeitpunkt berechnen

In der folgenden Textaufgabe geht es darum, eine Zeitdauer und eine Uhrzeit (einen Zeitpunkt) zu berechnen:

Herr Meyer fährt zu einer geschäftlichen Besprechung. Die Fahrt dauert 2 h 36 min und er kommt um 10.14 Uhr an. Die Besprechung ist um 15.07 Uhr zu Ende.

a) Wann ist Herr Meyer losgefahren?
b) Wie lange hat die Besprechung gedauert?

Schau dir zur Verdeutlichung diese Skizze an:

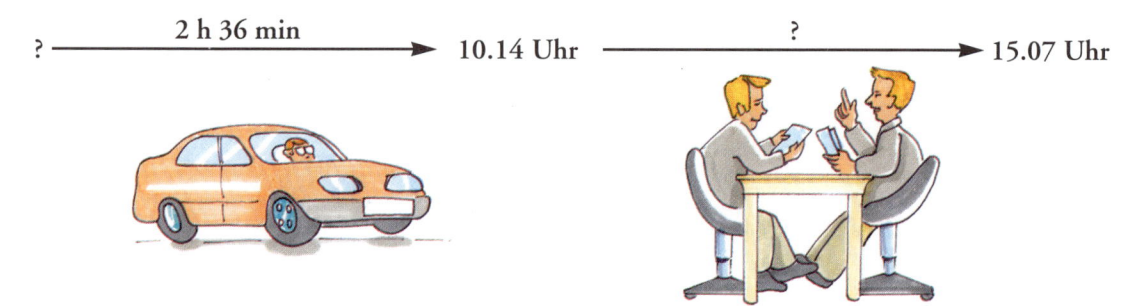

? ———— 2 h 36 min ————▶ 10.14 Uhr ———— ? ————▶ 15.07 Uhr

Gegeben sind die Zahlen: Fahrtdauer ____, Ankunftszeit ____, Besprechungsende ____.

zu a) Gesucht ist hier die Abfahrtzeit, also ein Zeitpunkt.
Zu berechnen ist der Zeitpunkt 2 h 36 min **vor** 10.14 Uhr. Subtrahiere also 2 h 36 min von 10 h 14 min. Hier tritt ein Problem auf: Du kannst nicht 36 min von 14 min abziehen. Mit einem kleinen Trick kannst du diese Schwierigkeit umgehen:

Vermindere um 1 h und erhöhe um 60 min.

10 h 14 min – 2 h 36 min = **9 h 74 min** – 2 h 36 min = 7 h 38 min.
Antwort: Herr Meyer ist um ____ Uhr losgefahren.

zu b) Gesucht wird die Zeitdauer der Besprechung, der Zeitraum zwischen 10.14 Uhr und 15.07 Uhr. Auch hier musst du wieder subtrahieren, da ein Unterschied gesucht ist. Wieder kannst du den Trick von oben anwenden:

15 h 7 min – 10 h 14 min = 1 ____ h ____ 7 min – 10 h 14 min = 4 h 53 min.

Antworte: Die Besprechung hat 4 h 53 min gedauert.

Messen
ÜBUNGEN

▪ Übungen zur Zeit ▪

1. Berechne die Zeitdauer:
   a) Von 17.16 Uhr bis 20.43 Uhr
   b) Von 5.03 Uhr bis 19.08 Uhr
   c) Von 14.51 Uhr bis 16.31 Uhr
2. Berechne einen Zeitpunkt:
   a) 3 h 42 min **nach** 13.27 Uhr
   b) 17 h 3 min **vor** 23.18 Uhr
   c) 5 h 46 min **vor** 12.02 Uhr
3. Frau Neuser möchte die chinesische Schrift lernen. Sie braucht 18 Minuten, um sich ein neues Zeichen zu merken. Wie viel 24-Stunden-Tage ununterbrochenen Lernens würde sie für die 50 000 Schriftzeichen der chinesischen Sprache benötigen?
4. Ein 5 000-Meter-Läufer benötigt für den ersten Kilometer 2 min 22 s, für den zweiten 2 min 50 s, für den dritten 2 min 45 s und für den vierten 2 min 34 s. Seine Gesamtzeit lag bei 13 min 20 s.
   a) In welcher Zeit legte er den letzten Kilometer zurück?
   b) Wie groß war seine Durchschnittsgeschwindigkeit pro Kilometer?
5. Manuel hat montags um 12.15 Uhr Schulschluss. Für den Weg nach Hause braucht er 23 Minuten. Nach dem Mittagessen, das 20 Minuten dauert, beginnt er mit den Hausaufgaben. Meistens ist er damit nach 1 h 15 min fertig und kann dann endlich seinen Freund besuchen. Wann ist Manuel mit seinen Hausaufgaben fertig?
6. Rechts unten siehst du einen Ausschnitt aus einem Busfahrplan.
   a) Frau Meiser wohnt im Buchenweg. Wie lange fährt sie mit dem Bus zum Maximiliansplatz?
   b) Sonja wohnt in der Goethestraße. Sie möchte ins Hallenbad gehen. Wie lange dauert die Busfahrt?
   c) Martin geht um 10.59 Uhr aus dem Haus. 12 Minuten später steigt er in den Bus ein. Wo ist er eingestiegen?

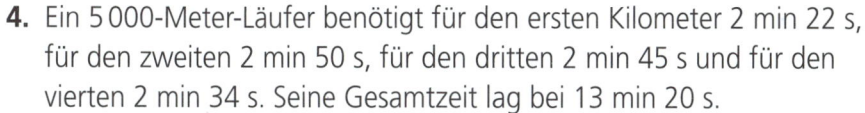

Ausschnitt aus einem Fahrplan

Buchenweg	10.55
Goethestraße	11.07
Maximiliansplatz	11.11
Wilhelmstraße	11.15
Sportplatz	11.22
Hallenbad	11.27
Franzstraße	11.30

Nur noch fünf Minuten bis zur Abgabe der Klassenarbeit …

DIE ZWEITE UND DRITTE DIMENSION

Flächen- und Rauminhalte

Das Quadrat

Ein Quadrat wird durch 4 gleich lange Seiten begrenzt. Zur Flächenberechnung verwendet man Einheitsquadrate. Betrachte dazu die Fläche von 1 cm² (sprich: 1 Quadratzentimeter) und das Quadrat mit der Seitenlänge 3 cm:

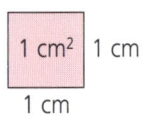

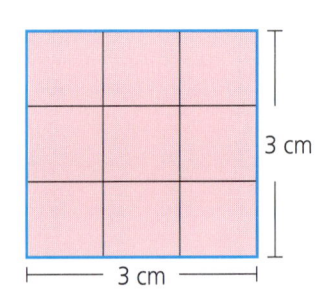

$A = 9\ cm^2$
$U = 12\ cm$

Am Quadrat mit der Seitenlänge 3 cm erkennst du Folgendes: Die Fläche des Quadrats mit der Seitenlänge 3 cm besteht pro Reihe aus 3 Quadratzentimetern. Bei 3 Reihen ergibt das einen **Flächeninhalt** von $3 \cdot 3\ cm^2 = 9\ cm^2$.

Fläche Quadrat: Seite mal Seite

Um die Fläche eines Quadrates auszurechnen, multipliziert man also die Seitenlänge mit sich selbst.

Der **Umfang** einer Fläche ist die Länge des Randes, zur Berechnung des Umfangs bildet man die Summe aller Seiten.

Umfang Quadrat: 4-mal Seite

Der Umfang vom Quadrat mit der Seitenlänge 3 cm beträgt:
$3\ cm + 3\ cm + 3\ cm + 3\ cm = 4 \cdot 3\ cm = 12\ cm$.

Allgemein gilt für ein Quadrat der Seitenlänge a:

Abkürzung Flächeninhalt: A Umfang: U

Formeln für das Quadrat
Fläche: $A = a \cdot a = a^2$
Umfang: $U = 4 \cdot a$

Flächen- und Rauminhalte
QUADRAT

Betrachte für die Umwandlung von Flächeneinheiten noch einmal den Quadratzentimeter:

10 mm · 10 mm $1\ cm^2 = 1\ cm \cdot 1\ cm = 10\ mm \cdot 10\ mm = 100\ mm^2$ $cm^2 \xrightarrow{\cdot\ 100} mm^2$

Für alle anderen Flächeneinheiten erhält man ebenso die Umwandlungszahl 100:

Umwandlungszahlen für Flächen

$$mm^2 \underset{\cdot\ 100}{\overset{:\ 100}{\rightleftarrows}} cm^2 \underset{\cdot\ 100}{\overset{:\ 100}{\rightleftarrows}} dm^2 \underset{\cdot\ 100}{\overset{:\ 100}{\rightleftarrows}} m^2 \underset{\cdot\ 100}{\overset{:\ 100}{\rightleftarrows}} a \underset{\cdot\ 100}{\overset{:\ 100}{\rightleftarrows}} ha \underset{\cdot\ 100}{\overset{:\ 100}{\rightleftarrows}} km^2$$

a = Ar
ha = Hektar

Umwandlungszahl Flächen: 100

▪ Übungen zum Quadrat ▪

1. Wandle die Flächen in die angegebene Einheit um:
   a) 23 400 mm² (in cm²)   b) 12,5 m² (in dm²)   c) 97 a (in m²)
   d) 5 920 ha (in km²)   e) 378,5 ha (in a)

   Komma verschiebt sich um 2 Stellen!

2. Eine quadratische Waldfläche hat eine Seitenlänge von 700 m. Auf jedem Quadratmeter steht ein Baum.
   a) Aus wie vielen Bäumen besteht der Wald?
   b) Gib die Waldfläche in Hektar an.
   c) Wie viel Meter Zaun braucht man zum Einzäunen?
3. Ein quadratisches Bild hat eine Seitenlänge von 45 cm. Wie viel Quadratzentimeter Leinwand hat der Maler benötigt?
4. Frau Franz möchte ein quadratisches Zimmer mit Teppichboden auslegen. Das Zimmer ist 4 m lang (und breit). Frau Franz vergleicht zwei Angebote: Bei der ersten Firma kostet ein Quadratmeter 15 DM, bei der anderen 17 DM. Um wie viel DM unterscheiden sich die Angebote, wenn sie Teppichboden für ihr Zimmer kauft?

Das Rechteck

Beim Rechteck sind jeweils die gegenüberliegenden Seiten gleich lang. Die längere Seite heißt **Länge**, die kürzere Seite **Breite**.
Schau dir das Beispiel eines Rechtecks der Länge 4 cm und der Breite 2 cm an:

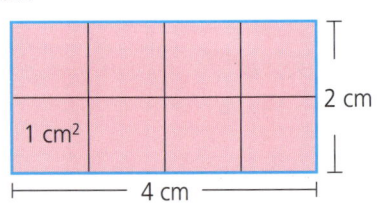

$A = 8\ cm^2$
$U = 12\ cm$

2 cm
1 cm²
4 cm

Fläche Rechteck: Länge · Breite

Die Fläche besteht aus $4\ cm^2 + 4\ cm^2 = 2 \cdot 4\ cm^2 = 8\ cm^2$.
Für die Flächenberechnung des Rechtecks multipliziert man also die Länge mit der Breite.

Umfang Rechteck: 2 · Länge + 2 · Breite

Der Umfang des obigen Rechtecks ist:
$4\ cm + 4\ cm + 2\ cm + 2\ cm = 2 \cdot 4\ cm + 2 \cdot 2\ cm = 12\ cm$.
In Worten heißt das, für den Umfang das Doppelte der Länge zum Doppelten der Breite zu addieren. In der Übersicht findest du die Formeln für das Rechteck mit Länge a und Breite b:

Formeln für das Rechteck

Fläche: $A = a \cdot b$
Umfang: $U = 2 \cdot a + 2 \cdot b$

Restfläche berechnen

In manchen Textaufgaben ist eine Fläche mit einem „Loch" zu berechnen, die man als Restfläche betrachten kann: 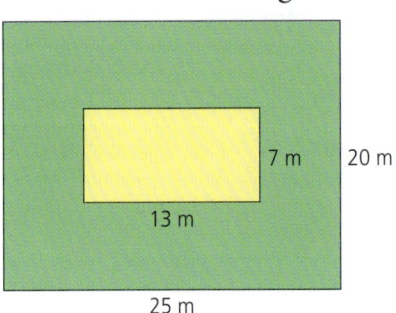
Ein Grundstück hat eine Breite von 20 m und eine Länge von 25 m. Das Haus auf dem Grundstück ist 13 m lang und 7 m breit. Wie groß ist der Garten?

7 m   20 m
13 m
25 m

Flächen- und Rauminhalte
RECHTECK

Gegeben sind hier die Maße zweier Rechtecke:
Grundstück 20 m x 25 m, Haus ____ m x ____ m.
Um die Fläche des Gartens auszurechnen, ist es am einfachsten, von der Gesamtfläche des Grundstücks die Grundfläche des Hauses abzuziehen.
Fläche Grundstück: 20 m · 25 m = 500 m²
Grundfläche Haus: 13 m · 7 m = 91 m²
Restfläche: 500 m² – 91 m² = 409 m²
Antworte: Der Garten hat eine Fläche von ____ m².

■ Übungen zum Rechteck ■

1. Ein Blatt Papier im DIN-A4-Format hat eine Länge von 297 mm und eine Breite von 21 cm.
   a) Wie groß ist seine Fläche?
   b) Wie lang ist ein Band, das um das Blatt gelegt wird?

   Rechne immer in gleichen Einheiten!

2. Frau Kreuzer kauft einen 5 m langen und 1,20 m breiten Stoff. Ein Quadratmeter kostet 13 DM. Wie viel bezahlt sie für den Stoff?

3. Dieser Plan zeigt den Grundriss einer Wohnung. Wie viel Quadratmeter Fläche hat die Wohnung?

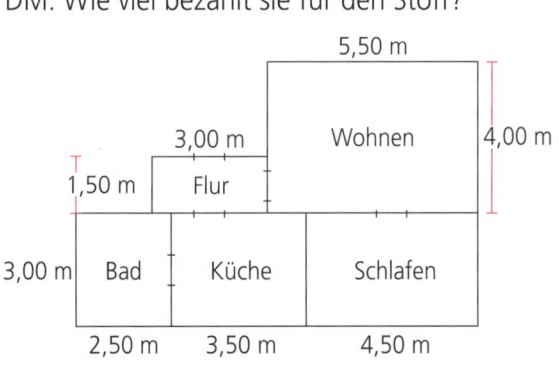

4. Ein Bauer besitzt ein Feld der Fläche 6 ha. Auf einen Teil des Feldes (Länge 300 m, Breite 35 m) pflanzt er Kartoffeln, auf dem Rest sät er Hafer. Wie groß ist die Haferfläche?

5. Herr Schulz streicht ein Zimmer, das 4 m lang, 3 m breit und 2,20 m hoch ist. Er streicht die Wände und die Decke. Das Fenster ist 2 m breit und 1,20 m hoch, die Tür 80 cm breit und 2 m hoch. Wie groß ist die gestrichene Fläche?

Der Würfel

Der Würfel ist die Grundeinheit für die Berechnung von **Rauminhalten** (Volumen), genauso wie das Quadrat die Grundeinheit für die Flächenberechnung darstellt.
Ein Würfel hat 12 gleich lange Seiten, auch **Kanten** genannt:

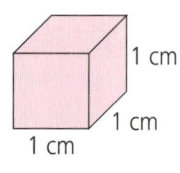

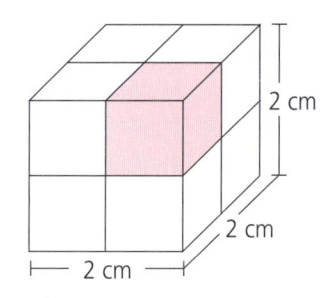

$V = 8\ cm^3$
$O = 6 \cdot 4\ cm^2 = 24\ cm^2$

Der „Einheitswürfel" mit der Kantenlänge 1 cm hat den Rauminhalt $1\ cm^3$ (sprich: 1 **Kubik**zentimeter). Der Würfel mit der Seitenlänge 2 cm lässt sich in 2 Schichten zu je 4 Würfeln aufteilen, besteht also aus
$2 \cdot (2 \cdot 2)\ cm^3 = 8\ cm^3$ (8 Einheitswürfel).

Volumen Würfel:
(Seite)³

Der Rauminhalt (V) eines Würfels berechnet sich daher aus dem Produkt Seite · Seite · Seite.
Die Summe aller Außenflächen eines Körpers heißt **Oberfläche** (O). Stell dir dazu einen Würfel aus Papier vor. Wenn du den Würfel aufschneidest, liegt das **Netz** des Würfels vor dir:

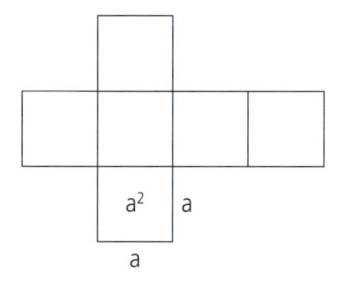

Die Oberfläche eines Würfels besteht aus 6 Quadraten mit der Fläche $a \cdot a = a^2$.

Formeln für den Würfel

Rauminhalt: $\quad V = a \cdot a \cdot a = a^3$
Oberfläche: $\quad O = 6 \cdot a \cdot a = 6 \cdot a^2$

Flächen- und Rauminhalte
WÜRFEL

Für die Umrechnung von Rauminhalten in eine andere Einheit kannst du dir noch einmal den Kubikzentimeter ansehen.
Ein Zentimeter ist genauso lang wie 10 mm. Das bedeutet für den Rauminhalt:
$1\ cm^3 = 1\ cm \cdot 1\ cm \cdot 1\ cm = 10\ mm \cdot 10\ mm \cdot 10\ mm = 1\,000\ mm^3$
Genauso ergeben sich alle weiteren Umwandlungszahlen:

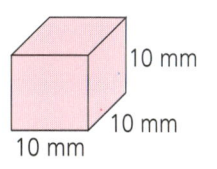

$cm^3 \xrightarrow{\cdot\ 1\,000} mm^3$

Umwandlungszahlen für Rauminhalte (Volumen)

$mm^3 \underset{\cdot\,1\,000}{\overset{:\,1\,000}{\rightleftarrows}} cm^3 \underset{\cdot\,1\,000}{\overset{:\,1\,000}{\rightleftarrows}} dm^3 \underset{\cdot\,1\,000}{\overset{:\,1\,000}{\rightleftarrows}} m^3$

$1\ cm^3 = 1\ ml$ (Milliliter)
$1\ dm^3 = 1\ l$ (Liter)

Umwandlungszahl Volumen: 1 000

■ Übungen zum Würfel ■

1. Rechne die Rauminhalte in die angegebene Einheit um:
   a) 1 954 mm³ (in cm³)
   b) 1,843 dm³ (in cm³)
   c) 21 689 dm³ (in m³)
   d) 5,32 m³ (in dm³)
   e) 36 l (in cm³)
   f) 73 624 mm³ (in ml)

Komma verschiebt sich um 3 Stellen!

2. Wie viel Liter Milch passen in einen Würfel mit der Seitenlänge 77 cm?
3. Wie viel Quadratzentimeter Pappe benötigt man, um einen würfelförmigen Karton mit der Seitenlänge 9,1 dm herzustellen? Wie groß ist der Rauminhalt des Würfels?
4. Ein Bleiwürfel hat eine Kantenlänge von 12 cm. Blei wiegt etwa 11 g pro cm³.
   a) Wie groß ist der Rauminhalt des Würfels?
   b) Wie schwer ist der Würfel?
5. Paul möchte einen Würfel aus Draht basteln. Er besitzt einen 168 cm langen Draht. Welche Kantenlänge hat der Würfel höchstens?
   (Tipp: Überlege, wie viele Kanten ein Würfel besitzt.)

Der Quader

Beim Quader können Länge, Breite und Höhe – im Unterschied zum Würfel – verschieden lang sein. Die Seiten der **Grundfläche**, auf der der Quader „liegt", heißen **Länge** und **Breite**. Die dritte Seite heißt **Höhe**. Sieh dir zur Volumenberechnung diesen Quader mit der Länge 5 cm, der Breite 2 cm und der Höhe 3 cm an:

Hier siehst du einen bestimmten Quader.

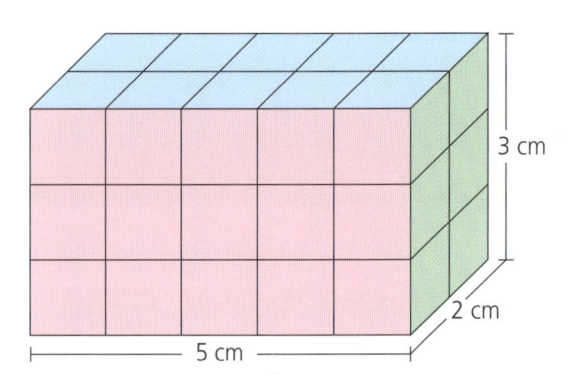

$V = 30 \text{ cm}^3$
$O = 62 \text{ cm}^2$

Wenn du den Quader in 3 waagerechte Schichten aufteilst, besteht jede Schicht aus $5 \cdot 2 \text{ cm}^3 = 10 \text{ cm}^3$. Bei drei Schichten ergibt das einen Rauminhalt von $3 \cdot 10 \text{ cm}^3 = 30 \text{ cm}^3$.

Volumen Quader: Länge · Breite · Höhe

Das Volumen eines Quaders berechnet sich also aus dem Produkt von Länge, Breite und Höhe.

Die Oberfläche des Quaders ist die Summe aller Außenflächen. Die untere und obere Fläche berechnen sich aus Länge und Breite: $5 \text{ cm} \cdot 2 \text{ cm} = 10 \text{ cm}^2$. Die Vorder- und Rückfläche haben beide den Flächeninhalt $5 \text{ cm} \cdot 3 \text{ cm} = 15 \text{ cm}^2$. Die seitlichen Flächen sind das Produkt von Breite und Höhe:
$2 \text{ cm} \cdot 3 \text{ cm} = 6 \text{ cm}^2$.

Der obige Quader hat demnach eine Oberfläche von $2 \cdot 10 \text{ cm}^2 + 2 \cdot 15 \text{ cm}^2 + 2 \cdot 6 \text{ cm}^2 = 62 \text{ cm}^2$.

Damit lauten die Formeln für den Quader folgendermaßen:

Formeln für den Quader

Rauminhalt: $V = a \cdot b \cdot c$
Oberfläche: $O = 2 \cdot a \cdot b + 2 \cdot a \cdot c + 2 \cdot b \cdot c$

Flächen- und Rauminhalte

QUADER

Rauminhalt über Grundfläche berechnen

Eine Garage soll auf einer Grundfläche von 15 m² gebaut werden. Sie soll eine Höhe von 2,80 m haben. Wie groß ist der umbaute Raum?

Gegeben sind die Zahlen: Grundfläche ____ m², Höhe ____ m. Gesucht wird der „umbaute Raum"; damit ist der Rauminhalt gemeint.

Die Grundfläche ist schon das Produkt aus Länge und Breite der Garage, deshalb musst du für die Berechnung des Rauminhalts nur noch mit der Höhe multiplizieren:

V = 15 m² · 2,80 m = 42,00 m³ = 42 m³.

Der umbaute Raum besteht aus 42 m³.

Volumen Quader: Grundfläche · Höhe

▪ Übungen zum Quader ▪

1. Ein Würfel mit der Kantenlänge 4 dm und ein Quader haben das gleiche Volumen. Der Quader hat eine Breite von 25 cm und eine Länge von 4 dm.
    a) Wie groß sind Rauminhalt und Oberfläche vom Würfel?
    b) Welche Höhe und Oberfläche hat der Quader?
2. Frau Müller möchte 4 quaderförmige, gleich große Balkonkästen mit Erde füllen. Ein Balkonkasten hat eine Grundfläche von 24 dm² und ist 20 cm hoch.
    a) Wie viel Liter Blumenerde braucht Frau Müller, um ihre Kästen zu füllen?
    b) Wie viel 50-l-Säcke Blumenerde muss sie kaufen und wie viel Liter bleiben dann übrig?
3. Ein Schwimmbad hat eine Länge von 25 m, eine Breite von 10 m und eine Tiefe von 2,50 m.
    a) Mit wie viel Liter Wasser muss das Schwimmbecken gefüllt werden, wenn das Wasser 20 cm unter dem Rand stehen soll?
    b) Wie viel Liter würden noch zusätzlich in das Becken passen?
4. Berechne den Rauminhalt des abgebildeten Körpers. (Tipp: Teile den Körper in zwei Quader auf, berechne die Rauminhalte und addiere anschließend.)

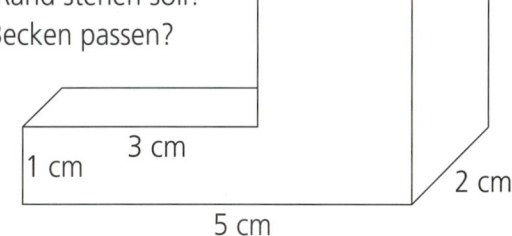

ZU ZWEIT GEHT'S BESSER
Zweisatz

Zweisatz: proportional

Proportionaler Zweisatz: Rechne · oder :

Die proportionalen Zweisatzaufgaben kennst du schon als Multiplikations- oder Divisionsaufgaben. Du wirst eine andere Schreibweise für den Rechenweg kennenlernen, die dir hilft, die verwandten Aufgaben (nicht proportionale Zweisatzaufgaben, Dreisatzaufgaben) zu lösen.
Betrachte eine typische Zweisatzsituation:
Ein Apfel kostet 70 Pf. Wie viel kosten 5 Äpfel?

70 Pf   ? Pf

Diese Aufgabe macht dir sicher keine Probleme. Du rechnest einfach 5 · 70 Pf = 350 Pf = 3,50 DM.
Immer betrachtet man bei diesen Aufgaben **Paare von Größen,** hier die Anzahl der Äpfel und den zugehörigen Preis. Du kannst den Zusammenhang der Größen in zwei Sätzen (deshalb **Zweisatz**) aufschreiben:
1 Apfel kostet **70 Pf.**
5 Äpfel kosten **? Pf.**

Proportional: Je mehr, desto mehr. Je weniger, desto weniger.

Bei proportionalen Aufgaben kannst du sagen: **Je mehr** (Äpfel), **desto mehr** (kosten sie). Ebenso trifft zu: **Je weniger** (Äpfel), **desto weniger** (kosten sie).

Zweisatz
BEISPIELE

Du rechnest von der **Einheit** (1) auf die **Vielheit** (5), indem du multiplizierst. Abkürzend kannst du folgendes Schema aufschreiben (die **gesuchte Größe steht rechts**):

$$\cdot 5 \downarrow \begin{array}{l} 1 \text{ Apfel} \triangleq 70 \text{ Pf} \\ 5 \text{ Äpfel} \triangleq 350 \text{ Pf} \end{array} \downarrow \cdot 5$$

Multipliziere auf beiden Seiten!

Bei der Rechnung von der Vielheit auf die Einheit dividierst du:
6 Skateboards wiegen 24 kg. Wie viel wiegt ein Skateboard?
Ein Skateboard wiegt 24 kg : 6 = 4 kg.
Schreibe wieder als Schema auf:

$$: 6 \downarrow \begin{array}{l} 6 \text{ Skateboards} \triangleq 24 \text{ kg} \\ 1 \text{ Skateboard} \triangleq 4 \text{ kg} \end{array} \downarrow : 6$$

Dividiere auf beiden Seiten!

Alle wichtigen Hinweise zum proportionalen Zweisatz stehen in der folgenden Tabelle:

Zweisatz: proportional	
Je mehr … desto mehr	Je weniger … desto weniger
Einheit → Vielheit	Vielheit → Einheit
Multiplikation	Division

Gleiche Wörter (mehr, weniger): gleiche Rechenart auf beiden Seiten.

▪ Übungen zum Schema ▪

Trage die fehlenden Zahlen ein:

1. $: 5 \downarrow \begin{array}{l} 5 \text{ l Milch} \triangleq 7{,}50 \text{ DM} \\ 1 \text{ l Milch} \triangleq \underline{\quad} \text{ DM} \end{array} \downarrow : \underline{\quad}$

2. $\cdot 15 \downarrow \begin{array}{l} 1 \text{ Dollar} \triangleq 1{,}70 \text{ DM} \\ 15 \text{ Dollar} \triangleq \underline{\quad} \text{ DM} \end{array} \downarrow \cdot 15$

3. $: \underline{\quad} \downarrow \begin{array}{l} 3 \text{ Tafeln Schokolade} \triangleq 300 \text{ g} \\ 1 \text{ Tafel Schokolade} \triangleq \underline{\quad} \text{ g} \end{array} \downarrow : \underline{\quad}$

4. $\cdot \underline{\quad} \downarrow \begin{array}{l} 1 \text{ Schulstunde} \triangleq 45 \text{ min} \\ 5 \text{ Schulstunden} \triangleq \underline{\quad} \text{ min} \end{array} \downarrow \cdot 5$

Vergleichsaufgabe

Manchmal musst du in den proportionalen Aufgaben mehrere Dinge oder Angebote miteinander vergleichen. Dann verwendest du für die Lösung der Textaufgabe das Schema mehrmals:

Sandra möchte für ihre Katzen Dosenfutter kaufen. Im Geschäft „Preiswert" werden 6 Dosen für 13,20 DM angeboten. Im Supermarkt „Spottbillig" kosten 20 Dosen der gleichen Größe 45 DM.

a) In welchem Geschäft kauft Sandra günstiger ein?
b) Wie groß ist der Preisunterschied pro Dose?

zu a) Trage die gegebenen Zahlen ein:

„Preiswert": ____ Dosen kosten ____ DM.
„Spottbillig": ____ Dosen kosten ____ DM.

Gesucht ist das günstigere Angebot. Dazu ist es am einfachsten, für jedes Angebot den Preis einer Dose auszurechnen.

Rechne zuerst den Preis pro Dose im „Preiswert" aus:

$$:6 \downarrow \quad \begin{array}{l} 6 \text{ Dosen} \triangleq 13{,}20 \text{ DM} \\ 1 \text{ Dose} \triangleq \_\_\_\_ \text{ DM} \end{array} \quad \downarrow :6$$

Eine Dose im „Preiswert" kostet also 2,20 DM.

Gehe für die Berechnung des Dosenpreises im „Spottbillig" genauso vor:

$$:20 \downarrow \quad \begin{array}{l} 20 \text{ Dosen} \triangleq 45 \text{ DM} \\ 1 \text{ Dose} \triangleq \_\_\_\_ \text{ DM} \end{array} \quad \downarrow :20$$

Im „Spottbillig" kostet eine Dose 2,25 DM.

Damit ist eine Dose im „Preiswert" günstiger.

zu b) Um den Pre**isunterschied** pro Dose auszurechnen, musst du subtrahieren:

2,25 DM − 2,20 DM = 5 Pf.

Der Preisunterschied macht pro Dose 5 Pfennig aus.

Übungen: Proportionaler Zweisatz

1. Ein Arbeiter verdient 30 DM in der Stunde.
   a) Wie viel verdient er an einem 8-Stunden-Tag?
   b) Wie viel verdient er in einer 38-Stunden-Woche?
2. Ein Känguru legt mit 12 Sprüngen eine Entfernung von 72 m zurück.
   a) Wie weit springt das Känguru mit einem Sprung?
   b) Wie weit kommt das Känguru mit 7 Sprüngen?
3. Ein Gärtner bepflanzt Blumenbeete der Länge 5 m und der Breite 3 m. Pro Quadratmeter setzt er 36 kleine Pflanzen.
   a) Wie viele Pflanzen sind das pro Beet?
   b) Wie viele Pflanzen sind das in 4 Blumenbeeten?
4. Ein Reisebüro bietet folgende Pauschalreisen an:

Schweden	10 Tage	1 400 DM
Spanien	14 Tage	1 330 DM
Frankreich	3 Wochen	2 310 DM
England	12 Tage	1 440 DM
Italien	9 Tage	1 080 DM

   Känguru beim Sprung

   Für welches Angebot bezahlt man den günstigsten Tagespreis?
5. Eine Person verbraucht in Deutschland etwa 130 l Wasser pro Tag.
   a) Wie viel Liter verbraucht eine 4-köpfige Familie pro Tag?
   b) Wie viel Liter Wasser verbraucht die Familie in einem Jahr mit 365 Tagen?
   c) Wie hoch sind die Wasserkosten in einem Jahr, wenn 1 m^3 Wasser 4 DM kostet?
6. Achtung! Finde heraus, welche Aufgaben du mit dem Zweisatz **nicht** sinnvoll rechnen kannst.
   a) Im Laden kostet eine Rose 1,20 DM. Wie viel kostet ein Strauß mit 15 Rosen?
   b) Jens läuft 100 m in 15 s. Wie schnell ist er auf der 400-m-Strecke?
   c) Sina wächst in einem Jahr 12 cm. Wie viel wächst sie in 15 Jahren?

Zweisatz: umgekehrt proportional

Umgekehrt proportional: Je mehr, desto weniger.

Im Unterschied zu den proportionalen Zweisatz-Aufgaben kann man bei den **umgekehrt proportionalen** Aufgaben sagen: „Je mehr … desto weniger …" oder „Je weniger … desto mehr …"
Schau dir als Beispiel die folgende Aufgabe an:
Ein Maurer benötigt für eine bestimmte Wand eine Gesamtarbeitszeit von 24 Stunden. Wie lange hätten 3 Maurer gebraucht?
Natürlich schaffen 3 Maurer die gleiche Arbeit in einer kürzeren Zeit als ein einziger (**Je mehr** Maurer, **desto weniger** Zeit brauchen sie!). Du teilst daher die Gesamtstunden durch die Zahl der Arbeiter: 24 h : 3 = 8 h.
Auch diese Rechnung kannst du mit einem Schema darstellen; beachte dabei den Unterschied zum proportionalen Zweisatz:

$$\cdot 3 \downarrow \begin{matrix} 1 \text{ Maurer} \triangleq 24 \text{ h} \\ 3 \text{ Maurer} \triangleq 8 \text{ h} \end{matrix} \downarrow : 3$$

Hier musst du beim Rechnen von der Einheit zur Vielheit auf der rechten Seite dividieren!

Die Chinesische Mauer bei Peking. Sie hat eine durchgehende Länge von rund 2 450 Kilometern und gilt als größte Schutzanlage der Erde.

Zweisatz
BEISPIELE

Beim Rechnen von der Vielheit zur Einheit dividierst du auf der linken Seite des Schemas und multiplizierst rechts:
Für den Großhandel werden 125 15-kg-Säcke Zucker abgepackt. Wie viele 1-kg-Packungen könnte man von dieser Menge Zucker abpacken?
Je weniger Zucker man pro Packung abfüllt, **desto mehr** Packungen erhält man. Nun kannst du das Schema selbst ausfüllen:

$$: 15 \downarrow \quad \begin{matrix} 15 \text{ kg} \triangleq 125 \text{ Packungen} \\ 1 \text{ kg} \triangleq \underline{} \text{ Packungen.} \end{matrix} \quad \downarrow \cdot 15$$

Es können 1 875 1-kg-Packungen Zucker abgefüllt werden. Vergleiche die folgende Tabelle mit dem proportionalen Zweisatz (Seite 59):

Zweisatz: umgekehrt proportional	
Je mehr … desto weniger	Je weniger … desto mehr
Einheit → Vielheit	Vielheit → Einheit
Dividiere rechts	Multipliziere rechts

Verschiedene Wörter (mehr, weniger): verschiedene Rechenarten auf beiden Seiten.

▪ Übungen zum Schema ▪

Trage die fehlenden Zahlen ein:
1. 17 Kinder bekommen je 5 Bonbons. Wenn ein Kind alle bekäme, wie viele Bonbons wären das?

$$: 17 \downarrow \quad \begin{matrix} 17 \text{ Kinder} \triangleq 5 \text{ Bonbons pro Kind} \\ 1 \text{ Kind} \triangleq \underline{} \text{ Bonbons pro Kind} \end{matrix} \quad \downarrow \cdot \underline{}$$

2. Eine ganze Torte wiegt 960 g. Wie viel wiegt ein Stück, wenn man die Torte in 12 Stücke aufteilt?

$$\cdot \underline{} \downarrow \quad \begin{matrix} 1 \text{ Torte} \triangleq 960 \text{ g} \\ 12 \text{ Tortenstücke} \triangleq \underline{} \text{ g pro Stück} \end{matrix} \quad \downarrow : \underline{}$$

Zweisatz mit mehreren Fragen

Natürlich können auch Zweisatzaufgaben mehrere Fragen beinhalten. Oft benötigst du die Antwort der ersten Frage für die Lösung der nächsten Frage:

Um die Erde einer Baugrube abzutransportieren, benötigen 4 LKWs gemeinsam eine Arbeitszeit von 15 Stunden.

a) Wie viele Stunden braucht ein LKW allein?
b) Wie viele Stunden benötigen 5 LKWs?
c) Wie viele LKWs wären nötig, um die Erde in einer Stunde abzutransportieren?

Schreibe zunächst die gegebenen Zahlen heraus:
____ LKWs brauchen ____ h.

zu a) Gesucht wird die Anzahl der Stunden, die ein LKW benötigt. Es handelt sich um den umgekehrt proportionalen Aufgabentyp, da man mit **weniger** LKWs **mehr** Zeit braucht. Schreibe die gesuchte Größe (h) auf die rechte Seite:

Gesuchte Größe steht rechts.

$$:4 \downarrow \quad \begin{matrix} 4 \text{ LKWs} \,\hat{=}\, 15 \text{ h} \\ 1 \text{ LKW} \,\hat{=}\, \underline{\quad} \text{ h} \end{matrix} \quad \downarrow \cdot 4$$

Ein LKW braucht 60 Stunden, um die Erde abzutransportieren.

zu b) Gefragt wird nach der Zeit, die 5 LKWs benötigen. Hier kannst du nun die Antwort zu a) als gegeben verwenden:

Verwende berechnete Lösungen!

$$\cdot 5 \downarrow \quad \begin{matrix} 1 \text{ LKW} \,\hat{=}\, 60 \text{ h} \\ 5 \text{ LKW} \,\hat{=}\, \underline{\quad} \text{ h} \end{matrix} \quad \downarrow :5$$

5 LKWs benötigen für den Abtransport nur 12 Stunden.

zu c) Gesucht wird nun die Anzahl der LKWs, die man für den Abtransport in einer Stunde braucht. Als gegebenes Paar kannst du die Angabe in der Aufgabe verwenden:

$$:15 \downarrow \quad \begin{matrix} 15 \text{ h} \,\hat{=}\, 4 \text{ LKWs} \\ 1 \text{ h} \,\hat{=}\, \underline{\quad} \text{ LKWs} \end{matrix} \quad \downarrow \cdot 15$$

Es würden also 60 LKWs gebraucht.
Du hättest ebenso die Antwort aus a) verwenden können:

$$:60 \downarrow \quad \begin{matrix} 60 \text{ h} \,\hat{=}\, 1 \text{ LKW} \\ 1 \text{ h} \,\hat{=}\, \underline{\quad} \text{ LKWs} \end{matrix} \quad \downarrow \cdot 60$$

Zweisatz
ÜBUNGEN

■ Übungen: umgekehrt proportionaler Zweisatz ■

1. Eine Paketschnur wird in 20 Teile zu je 2,5 m aufgeteilt.
   a) Wie lang ist die Paketschnur?
   b) In wie viele Teile muss man die Schnur aufteilen, wenn man 10 cm lange Stücke möchte?
2. Drei Pumpen benötigen für das Auspumpen eines Wasserbeckens 8 Stunden.
   a) Wie lange braucht eine Wasserpumpe für das Auspumpen?
   b) Wie lange benötigen 4 Pumpen?
3. Tom Sawyer soll den Gartenzaun seiner Tante Polly streichen. Allein hätte er dazu etwa 18 Stunden gebraucht. Statt dessen überredet er seine 6 Freunde, diese Arbeit für ihn zu übernehmen. Wie lange brauchen die Freunde für den Zaun, wenn sie alle gleichzeitig streichen?
4. Frau König möchte ihren Garten in Beete aufteilen. Der Garten hat eine Fläche von 200 m². Wie groß ist ein Beet, wenn sie den Garten in 4,5 oder 10 Beete aufteilt?
5. Ein Weinfass enthält 150 l Wein. Mit dieser Menge kann man 200 Flaschen abfüllen. Wie viel Liter Wein enthält eine Flasche?
6. Eine Losnummer im Lotto beschert einer Person einen Gewinn von 80 125 DM.
   a) Wie viel Geld bekäme eine Person aus einer Tippgemeinschaft, die aus 5 Personen besteht?
   b) Wie groß wäre der Gewinn pro Person in einer Tippgemeinschaft mit 25 Personen?

Zweisatz: gemischte Aufgaben

Für das Lösen von Zwei- oder Dreisatzaufgaben ist es sehr wichtig, dass du den proportionalen vom umgekehrt proportionalen Aufgabentyp unterscheiden kannst.
In der folgenden Aufgabe treten beide Aufgabenarten auf:
Ein Grundstück hat eine Größe von 100 a. Es soll in 20 gleich große Bauplätze aufgeteilt werden.
a) Wie groß ist die Fläche eines Bauplatzes?
b) Wie teuer ist ein Bauplatz, wenn ein Quadratmeter 756 DM kostet?
zu a) Trage die gegebenen Zahlen ein: 1 Grundstück mit ____ a.

Gesucht: Fläche

Gesucht ist die Größe eines Bauplatzes, wenn das Grundstück in ____ Teile geteilt wird. Der Anzahl der Teile wird also eine Fläche zugeordnet.
Überlege, um welchen Aufgabentyp es sich hier handelt: Je **mehr** Bauplätze, desto ____ Fläche haben die Grundstücke.
Du verwendest somit das Rechenschema des umgekehrt proportionalen Aufgabentyps:

$\cdot\ 20 \downarrow \quad \begin{matrix} 1 \text{ Grundstück} \triangleq 100 \text{ a} \\ 20 \text{ Grundstücke} \triangleq \underline{\quad} \text{ a.} \end{matrix} \quad \downarrow : 20$

Jedes Grundstück hat eine Fläche von 5 a.
zu b) Verwende die Lösung aus a): Ein Grundstück hat eine Fläche von 5 a = 500 m².

Gesucht: Preis

Gegeben ist der Preis pro m² mit ____ DM und gesucht ist der Preis für 500 m².

Überlege nun den Aufgabentyp: Je **mehr** Quadratmeter, desto ____ muss man bezahlen.
Schreibe das Schema für den proportionalen Aufgabentyp auf:

$\cdot\ 500 \downarrow \quad \begin{matrix} 1 \text{ m}^2 \triangleq 756 \text{ DM} \\ 500 \text{ m}^2 \triangleq \underline{\quad} \text{ DM.} \end{matrix} \quad \downarrow \cdot 500$

Jedes Grundstück kostet somit 378 000 DM.

Zweisatz
REGEL

Für die Lösung mancher Textaufgaben brauchst du die folgende Regel für die Multiplikation von Kommazahlen:

Multiplikation von Dezimalzahlen (Kommazahlen)

Multipliziere beide Zahlen ohne Berücksichtigung von Kommas. Das Ergebnis hat so viele Nachkommastellen wie beide Faktoren zusammen.

Beispiele:
1. 0,032 · 250 (zusammen 3 Nachkommastellen)
Rechne 32 · 250 = 8 000, damit ist 0,032 · 250 = 8,000 = 8
2. 0,43 · 2,31 (zusammen 4 Nachkommastellen)
Rechne 43 · 231 = 9 933, damit ergibt 0,43 · 2,31 = 0,9933

Kürze beim Aufgabentyp ab: p. oder u. p.

■ Übungen ■

Fülle die Lücken aus und entscheide dabei über den Aufgabentyp:

1. Ein Kubikzentimeter Gold wiegt etwa 19,3 g. Wie viel wiegt ein Goldbarren mit dem Rauminhalt von 370 cm³?
   Gegebene Größen: ____ g, ____ cm³.
   Gesuchte Größe: ____ (für ____ cm³).
   Je mehr Rauminhalt, desto ____ Gewicht.

   Aufgabentyp: ____.   ____ 370 ↓ $\begin{array}{l} 1\ cm^3 \triangleq 19{,}3\ g \\ 370\ cm^3 \triangleq \underline{\quad}\ g. \end{array}$ ↓ ____ 370

   Ein Barren wiegt ____ g.

2. Um die Fenster eines Hochhauses zu reinigen, benötigen 2 Fensterputzer 8 Stunden. Wie lange braucht ein Mann allein?
   Gegebene Größen: ____ Männer, ____ h.
   Gesuchte Größe: ____ (pro Mann).
   Je weniger Männer, desto ____ Arbeitszeit.

   Aufgabentyp: ____.   ____ 2 ↓ $\begin{array}{l} 2\ \text{Männer} \triangleq 8\ h \\ 1\ \text{Mann} \triangleq \underline{\quad}\ h. \end{array}$ ↓ ____ 2

   Ein Mann benötigt ____ Stunden.

Proportional oder umgekehrt proportional?

Zweisatz mit Nebenrechnungen

Bei manchen Aufgaben musst du neben der Zweisatzrechnung noch andere Rechnungen durchführen:

Ein Taxifahrer verlangt für eine Fahrt eine Grundgebühr von 8 DM und zusätzlich für jeden gefahrenen Kilometer 3 DM.

a) Frau Taler fährt 6 km mit dem Taxi. Wie viel muss sie bezahlen?
b) Herr Bach bezahlt für eine Fahrt insgesamt 53 DM. Wie weit ist er mit dem Taxi gefahren?

	Endpreis	
Grund-preis		Preis für Kilometer

Gegebene Zahlen zu a) Gegeben sind die Zahlen:
Grundgebühr ____ DM, 1 km kostet ____ DM.

Hinweiswort Das Hinweiswort **zusätzlich** deutet darauf hin, dass man den Preis für die gefahrenen Kilometer und die Grundgebühr addieren muss, um den Endpreis auszurechnen.

Gesucht? Gesucht wird der Endpreis für 6 gefahrene Kilometer.

Aufgabentyp? Der Preis für 6 km lässt sich mit dem Zweisatz ausrechnen. Je **mehr** Kilometer gefahren werden, desto ____ kostet die Fahrt.

Du rechnest also mit dem Schema für den proportionalen Zweisatz:

$$\cdot 6 \downarrow \begin{matrix} 1 \text{ km} \triangleq 3 \text{ DM} \\ 6 \text{ km} \triangleq \underline{\quad} \text{ DM.} \end{matrix} \downarrow \cdot 6$$

Die gefahrenen Kilometer kosten 18 DM. Addiere die Grundgebühr: 18 DM + 8 DM = 26 DM.

Frau Taler bezahlt 26 DM für das Taxi.

zu b) Gegeben sind die Grundgebühr, der Preis für einen Kilometer und der Endpreis von 53 DM. Gesucht sind die gefahrenen Kilometer.

Nebenrechnung Ziehe vom Endpreis die Grundgebühr ab und du erhältst den Preis für die gefahrenen Kilometer: 53 DM − 8 DM = 45 DM.

Rechne die gefahrenen Kilometer mit dem Zweisatz (hier ohne die Einheit) aus:

$$\cdot 15 \downarrow \begin{matrix} 3 \text{ DM} \triangleq 1 \text{ km} \\ 45 \text{ DM} \triangleq \underline{\quad} \text{ km.} \end{matrix} \downarrow \cdot 15$$

Herr Bach ist 15 km gefahren.

Zweisatz
ÜBUNGEN

■ Übungen: proportionaler/umgekehrt proportionaler Zweisatz ■

Entscheide dich in den ersten Aufgaben für den proportionalen oder umgekehrt proportionalen Aufgabentyp:

1. Eine Straße soll geteert werden. Mit einer Maschine dauert dies 10 Tage. Wie lange brauchen 5 Maschinen dazu?
2. Ein Auto verbraucht 5 l Benzin auf 100 km.
   a) Wie weit kommt man mit einem Liter?
   b) Es passen 45 l Benzin den Tank. Wie viele Kilometer fährt das Auto nach dem Volltanken?
   c) Ein Liter Benzin kostet 1,62 DM. Wie viel kostet das Volltanken?
3. Der Äquator der Erde hat eine Länge von etwa 40 080 km. Da sich die Erde einmal am Tag um sich selbst dreht, bewegt sich ein Punkt auf dem Äquator 40 080 km pro Tag. Wie viel Kilometer in einer Stunde würdest du zurücklegen (ohne es zu merken), wenn du auf dem Äquator stehst?

Proportional oder nicht?

Für die nächsten Aufgaben sind Zweisatzrechnung und Nebenrechnungen nötig:

4. Herr Heimann möchte seine Terrasse mit Platten auslegen. Die Terrasse hat eine Länge von 5 m und eine Breite von 3 m.
   a) Wie viele Platten muss Herr Heimann kaufen, wenn er pro Quadratmeter 9 Platten legt?
   b) Wie viel muss er bezahlen, wenn eine Platte 18 DM kostet?
5. Frau Wiesner besucht ihre Schwester, die 360 km entfernt wohnt. Sie fährt um 9.50 Uhr los und kommt um 12.50 Uhr an. Wie hoch ist ihre Durchschnittsgeschwindigkeit in km/h?
6. Ein Gemüsehändler überlegt sich, in welche Portionen er eine bestimmte Menge Kartoffeln aufteilen soll. Er könnte zum Beispiel 47 3-kg-Beutel abwiegen.
   a) Wie viel 1-kg-Beutel kann er abwiegen?
   b) Für einen 3-kg-Beutel würde er 3,50 DM verlangen. Wie viel Geld bekommt er für alle 3-kg-Beutel?
   c) Für einen 1-kg-Beutel verlangt er 1,30 DM. Wie viel bekommt er für alle 1-kg-Beutel?
   Vergleiche mit dem Ergebnis aus b).

ZWEI UND ZWEI MACHT DREI
Dreisatz

Dreisatz: proportional

Dreisatz: 2-mal Zweisatz

Um Dreisatzaufgaben zu lösen, wendest du einfach zweimal den Zweisatz an:
6 Eier kosten 1,92 DM. Wie viel kosten 10 Eier der gleichen Sorte?

Gegeben sind die Zahlen: ____ Eier, ____ DM.
Gesucht ist der Preis für ____ Eier.
Überlege den Aufgabentyp: Je **mehr** Eier, desto ____ kosten sie. Es handelt sich also um den proportionalen Aufgabentyp. Rechne zunächst den Preis für die Einheit (1 Ei) mit dem Zweisatz aus:

$$:6 \downarrow \quad \begin{array}{l} 6 \text{ Eier} \triangleq 192 \text{ Pf} \\ 1 \text{ Ei} \triangleq \underline{\quad} \text{ Pf.} \end{array} \quad \downarrow :6$$

Rechne nun von der Einheit zur Vielheit:

$$\cdot 10 \downarrow \quad \begin{array}{l} 1 \text{ Ei} \triangleq 32 \text{ Pf} \\ 10 \text{ Eier} \triangleq \underline{\quad} \text{ Pf.} \end{array} \quad \downarrow \cdot 10$$

Abgekürzt sieht das Schema für den Dreisatz so aus:

$$:6 \downarrow \quad \begin{array}{l} 6 \text{ Eier} \triangleq 192 \text{ Pf} \\ 1 \text{ Ei} \triangleq 32 \text{ Pf.} \\ 10 \text{ Eier} \triangleq 320 \text{ Pf.} \end{array} \quad \downarrow :6 \\ \cdot 10 \downarrow \qquad\qquad\qquad\qquad\qquad \downarrow \cdot 10$$

Dreisatz: Rechne über die Einheit.

Ergebnis sinnvoll?

Kontrolliere das Ergebnis: 10 Eier müssen mehr als 6 Eier kosten, das stimmt hier.

Dreisatz
BEISPIELE

Wenn du bei den proportionalen Dreisatzaufgaben von der größeren Zahl zur kleineren Zahl rechnen sollst, kannst du das Ergebnis entsprechend kontrollieren:

Herr Zuse tapeziert eine Wandfläche von 4 m² in 28 min. Wie lange braucht er für eine Fläche von 3 m²?

Schreibe die gegebenen Zahlen heraus: Fläche ____ m², ____ min. Gesucht wird die Zeit für 3 m².

Je **weniger** Fläche, desto ____ Zeit braucht Herr Zuse. Stelle das Schema für den proportionalen Dreisatz auf:

$$:4 \downarrow \quad 4 \text{ m}^2 \triangleq 28 \text{ min} \quad \downarrow :4$$
$$ 1 \text{ m}^2 \triangleq \underline{\quad} \text{ min}$$
$$\cdot 3 \downarrow \quad 3 \text{ m}^2 \triangleq \underline{\quad} \text{ min} \quad \downarrow \cdot 3$$

Herr Zuse tapeziert eine Fläche von 3 m² in 21 Minuten. Überlege noch einmal, ob das Ergebnis sinnvoll ist: Herr Zuse braucht für die kleinere Fläche weniger Zeit.

Kontrolliere das Ergebnis!

■ Übungen zum Schema ■

1. 200 g Salami kosten 3,50 DM. Wie viel kosten 500 g?

$$:200 \downarrow \quad 200 \text{ g} \triangleq 350 \text{ Pf} \quad \downarrow :200$$
$$ 1 \text{ g} \triangleq \underline{\quad} \text{ Pf}$$
$$\cdot 500 \downarrow \quad 500 \text{ g} \triangleq \underline{\quad} \text{ Pf} = \underline{\quad} \text{ DM.} \quad \downarrow \cdot 500$$

500 g Salami kosten ____ DM.

2. Ein Stadtbus braucht für eine Strecke von 3 km 9 Minuten. Wie lange braucht der Bus für 10 km?

$$:3 \downarrow \quad 3 \text{ km} \triangleq 9 \text{ min} \quad \downarrow :3$$
$$ 1 \text{ km} \triangleq \underline{\quad} \text{ min}$$
$$\cdot 10 \downarrow \quad 10 \text{ km} \triangleq \underline{\quad} \text{ min} \quad \downarrow \cdot 10$$

Der Bus fährt 10 km in ____ min.

Dreisatz mit mehreren Fragen

In Dreisatzaufgaben kann nach verschiedenen Größen gefragt werden; sieh dir dazu die folgende Aufgabe an:

1 l Vollmilch enthält 32 g Eiweiß.

a) Wie viel Milch musst du trinken, um deinen täglichen Eiweißbedarf von etwa 70 g abzudecken?

b) Wie viel Gramm Eiweiß ist in 0,25 l Milch enthalten?

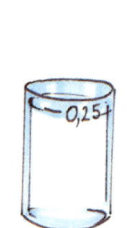

zu a) Folgende Zahlen sind gegeben:
_____ l Milch, _____ g Eiweiß.

Gesucht: Milchmenge

Gesucht wird nach der Milchmenge, die 70 g Eiweiß enthält.
Je **mehr** Eiweiß man aufnehmen will, desto **mehr** Milch muss man trinken. Schreibe also das Schema für den proportionalen Dreisatz auf, die gesuchte Größe (Milch) steht rechts:

$$: 32 \downarrow \quad 32 \text{ g Eiweiß} \stackrel{\triangleq}{=} 1 \text{ l} = 1\,000 \text{ ml} \quad \downarrow : 32$$
$$1 \text{ g Eiweiß} \stackrel{\triangleq}{=} 31{,}25 \text{ ml}$$
$$\cdot 70 \downarrow \quad 70 \text{ g Eiweiß} \stackrel{\triangleq}{=} 2\,187{,}5 \text{ ml} \quad \downarrow \cdot 70$$

Du müsstest also 2 187,5 ml Milch (mehr als 2 Liter) trinken, um den gesamten Eiweißbedarf zu decken.

Gesucht: Eiweißmenge

zu b) Gesucht wird nun nach der Eiweißmenge, die in 0,25 l Milch enthalten ist. Im Schema steht Eiweiß jetzt in der rechten Spalte:

$$: 1000 \downarrow \quad 1\,000 \text{ ml} \stackrel{\triangleq}{=} 32 \text{ g Eiweiß} \quad \downarrow : 1000$$
$$1 \text{ ml} \stackrel{\triangleq}{=} 0{,}032 \text{ g Eiweiß}$$
$$\cdot 250 \downarrow \quad 250 \text{ ml} \stackrel{\triangleq}{=} 8 \text{ g Eiweiß} \quad \downarrow \cdot 250$$

In 0,25 l Milch sind 8 g Eiweiß enthalten.

Dreisatz
REGELN

Für die Lösung einiger der folgenden Aufgaben benötigst du die Divisionsregeln für Kommazahlen:

Divison mit Dezimalzahlen (Kommazahlen)

1. Division durch natürliche Zahl
Beim Überschreiten des Kommas der zu teilenden Zahl wird im Ergebnis gleichzeitig das Komma gesetzt.

a) 11,5 : 5 = 2,3
b) 8,1 : 9 = 0,9

2. Division durch Dezimalbruch
Verschiebe das Komma von Dividend und Divisor um die gleiche Anzahl von Stellen, das Ergebnis verändert sich damit nicht!

a) 6,3 : 2,1 = 63,0 : 21,0 = 63 : 21 = 3
b) 51 : 1,7 = 510 : 17 = 30

Division: Komma gleich verschieben ergibt gleiches Ergebnis.

▪ Übungen: proportionaler Dreisatz ▪

1. Familie Barth tauscht für ihren Frankreich-Urlaub DM in französische Francs (FF) ein. Der aktuelle Kurs liegt bei 100 FF für 30 DM.
   Wie viel DM müsste die Familie für 2 000 FF bezahlen?
2. Jan legt mit seinem Mofa die Strecke von 7 km in 12 min zurück.
   a) Wie lange braucht er bei gleicher Geschwindigkeit für 21 km?
   b) Wie hoch ist seine Geschwindigkeit in km/h?
3. In 4 kg Messing sind 3 kg Kupfer enthalten.
   a) Wie viel Kupfer ist in 68 kg Messing dieser Sorte enthalten?
   b) Wie viel Messing dieser Sorte kann man aus 2 523 kg Kupfer herstellen?
4. Frau Baumann fährt mit dem Auto eine Strecke von 104 km mit einer Durchschnittsgeschwindigkeit von 80 km/h.
   Wie lange hat sie für diese Strecke benötigt?

Dreisatz: umgekehrt proportional

Die umgekehrt proportionalen Dreisatzaufgaben kannst du ebenfalls lösen, indem du zweimal das Schema für den umgekehrt proportionalen Zweisatz anwendest:

Die Verpflegung für eine Kilimandscharo-Expedition reicht 20 Tage für eine Gruppe von 12 Personen. Wie viel Personen könnten bei der gleichen Verpflegungsmenge an der Expedition teilnehmen, wenn sie nur 16 Tage dauern würde?

Schreibe die gegebenen Zahlen heraus: _____ Tage, _____ Personen. Gesucht wird die Anzahl der Personen, für die die Verpflegung 16 Tage reichen würde.

Umgekehrt proportional: Je weniger, desto mehr.

Je **weniger** Tage die Expedition dauert, desto **mehr** Personen können daran teilnehmen. Stelle also das Schema für den umgekehrt proportionalen Dreisatz auf:

$$: 20 \downarrow \quad \begin{matrix} 20 \text{ Tage} \triangleq 12 \text{ Personen} \\ 1 \text{ Tag} \triangleq \underline{\quad} \text{ Personen} \\ 16 \text{ Tage} \triangleq \underline{\quad} \text{ Personen} \end{matrix} \quad \downarrow \cdot 20$$

$$\cdot 16 \downarrow \qquad\qquad\qquad\qquad\qquad\qquad \downarrow : 16$$

Ergebnis sinnvoll?

Wenn die Expedition nur 16 Tage dauern würde, könnten 15 Personen daran teilnehmen. Das Ergebnis ist sinnvoll.

Eine Giraffe vor dem mit 5 895 Metern höchsten Berg Afrikas, dem Kilimandscharo

Dreisatz
ÜBUNGEN

■ Übungen ■

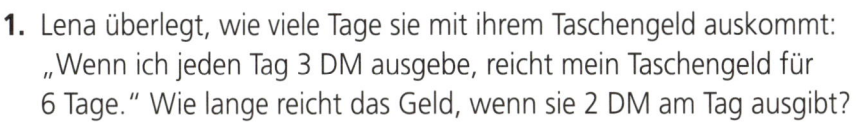

Fülle die Lücken im Schema für den umgekehrt proportionalen Dreisatz aus:

1. Lena überlegt, wie viele Tage sie mit ihrem Taschengeld auskommt: „Wenn ich jeden Tag 3 DM ausgebe, reicht mein Taschengeld für 6 Tage." Wie lange reicht das Geld, wenn sie 2 DM am Tag ausgibt?

$$: 3 \downarrow \quad \begin{array}{l} 3 \text{ DM} \triangleq 6 \text{ Tage} \\ 1 \text{ DM} \triangleq \underline{\quad} \text{ Tage} \\ 2 \text{ DM} \triangleq \underline{\quad} \text{ Tage} \end{array} \quad \downarrow \cdot 3$$

$$\cdot \underline{\quad} \downarrow \qquad\qquad\qquad\qquad\qquad \downarrow : 2$$

Lenas Taschengeld reicht _____ Tage, wenn sie pro Tag 2 DM ausgibt.

2. Für den Einbau einer Heizung in einem Neubau brauchen 2 Installateure 10 Tage. Wie lange benötigen 5 Installateure?

$$: 2 \downarrow \quad \begin{array}{l} 2 \text{ Installateure} \triangleq 10 \text{ Tage} \\ 1 \text{ Installateur} \triangleq \underline{\quad} \text{ Tage} \\ 5 \text{ Installateure} \triangleq \underline{\quad} \text{ Tage} \end{array} \quad \downarrow \underline{\quad} 2$$

$$\cdot 5 \downarrow \qquad\qquad\qquad\qquad\qquad \downarrow \underline{\quad} 5$$

5 Installateure brauchen _____ Tage.

3. Familie Herrmann besucht Verwandte. Für die Hinfahrt braucht sie 2 h 15 min bei einer Durchschnittsgeschwindigkeit von 90 km/h. Wie lange dauert die Rückfahrt bei einer Durchschnittsgeschwindigkeit von 75 km/h?

Rechne in kleinerer Einheit!

$$: 90 \downarrow \quad \begin{array}{l} 90 \text{ km/h} \triangleq 2 \text{ h } 15 \text{ min} = \underline{\quad} \text{ min} \\ 1 \text{ km/h} \triangleq \underline{\quad} \text{ min} \\ \underline{\quad} \text{ km/h} \triangleq \underline{\quad} \text{ min} \end{array} \quad \downarrow \cdot 90$$

$$\cdot \underline{\quad} \downarrow \qquad\qquad\qquad\qquad\qquad \downarrow \cdot 75$$

Familie Herrmann braucht _____ min = _____ h _____ min für die Rückfahrt.

Umgekehrt proportionaler Dreisatz mit Rest

In bestimmten umgekehrt proportionalen Dreisatzaufgaben musst du zunächst einmal einen Rest berechnen, um die gegebenen Größen überhaupt erst aufstellen zu können:

Um den Stadtpark im Frühling neu zu bepflanzen, benötigen 4 Gärtner 9 Tage. Nach 3 Tagen wird einer der Gärtner krank.

a) Wie viele Tage dauert diese Arbeit noch?
b) Wie lange hat die Bepflanzung insgesamt gedauert?

Berechne den Rest!

zu a) Folgende Zahlen sind gegeben: ____ Gärtner, ____ Tage, nach ____ Tagen fällt ein Gärtner aus.

Überlege zunächst, wie viele Tage Arbeit noch übrig sind, nachdem ein Gärtner ausgefallen ist:

9 Tage – 3 Tage = ____ Tage.

4 Gärtner bräuchten also noch 6 Tage für die Bepflanzung. Nun stehen aber nur noch 3 Gärtner zur Verfügung; gesucht wird die Anzahl der Tage, die die 3 Gärtner noch benötigen. Es handelt sich um den umgekehrt proportionalen Aufgabentyp: Je **weniger** Gärtner, desto **mehr** Tage brauchen sie.

$$
\begin{array}{r l l}
:4\downarrow & 4 \text{ Gärtner} \,\hat{=}\, 6 \text{ Tage} & \downarrow \cdot 4 \\
 & 1 \text{ Gärtner} \,\hat{=}\, \underline{\quad} \text{ Tage} & \\
\cdot 3\downarrow & 3 \text{ Gärtner} \,\hat{=}\, 8 \text{ Tage.} & \downarrow :3
\end{array}
$$

Die übrigen 3 Gärtner benötigen noch 8 Tage.

zu b) Zu viert haben die Gärtner 3 Tage gearbeitet, zu dritt noch 8 Tage, insgesamt hat die Bepflanzung somit 11 Tage gedauert.

Dreisatz
ÜBUNGEN

■ Übungen: umgekehrt proportionaler Dreisatz ■

Löse die folgenden Aufgaben mit dem Schema für den umgekehrt proportionalen Dreisatz:

1. Ein Schulhof hat eine Länge von 28 m und eine Breite von 15 m. Wie breit ist ein flächengleicher Schulhof mit einer Länge von 21 m?

2. Eine Schulklasse verkauft Kuchen, um zusätzlich Geld für eine Klassenfahrt zu erhalten. Dafür teilen die Schüler einen Blechkuchen in 12 Teile und verlangen pro Stück 1,50 DM.
   a) Wie viel Geld müsste die Klasse pro Stück verlangen, wenn sie den Kuchen in 15 Stücke teilt und die gleiche Einnahme haben möchte?
   b) In wie viele Stücke müsste der Blechkuchen aufgeteilt werden, wenn ein Stück 1 DM kostet und die gleiche Einnahme erzielt werden soll?

3. Eine Firma stellt quaderförmige Lebensmittelverpackungen her. Bisher hat sie für einen Kunden Verpackungen mit einer Grundfläche von 48 cm² und einer Höhe von 15 cm produziert. Nun soll sich das Aussehen der Verpackung bei gleich großem Rauminhalt ändern. Der Kunde möchte nun Verpackungen mit einer Grundfläche von 40 cm². Wie hoch sind die neuen Verpackungen?

Flächengleiche Rechtecke: Länge umgekehrt proportional zur Breite.

Volumengleiche Quader: Grundfläche umgekehrt proportional zur Höhe.

Berechne zunächst einen Rest und wende dann den umgekehrt proportionalen Dreisatz an:

4. Die Nahrungsmittel eines Frachtschiffes reichen für seine 12 Besatzungsmitglieder 41 Tage. Nach 9 Tagen werden 4 Schiffbrüchige an Bord genommen. Wie lange reicht der Nahrungsmittelvorrat jetzt noch?

5. Für die Ernte eines riesigen Getreidefeldes in den USA brauchen 5 Mähdrescher 14 Stunden. Nach 2 Stunden fällt ein Mähdrescher wegen Motorschadens für den Rest des Tages aus.
   a) Wie lange dauert die Ernte jetzt noch?
   b) Wie lange hat das Abernten des Feldes insgesamt gedauert?

Land in Sicht!

Dreisatz: gemischte Aufgaben

In der folgenden Aufgabe musst du sowohl das Schema für den proportionalen als auch für den umgekehrt proportionalen Aufgabentyp verwenden:
Ein Fußballverein hat bei 18 000 verkauften Karten eine Gesamteinnahme von 327 600 DM.
a) Wie teuer ist die Einzelkarte, wenn alle Karten gleich viel kosten?
b) Wie teuer muss die Einzelkarte sein, wenn der Verein 1 200 Freikarten verschenkt und die gleiche Gesamteinnahme erzielen möchte?

zu a) Gegebene Zahlen: _____ Plätze, _____ DM Einnahme.
Gesucht wird der Preis für eine Karte.
Je **weniger** Karten man kauft, desto **weniger** muss man bezahlen. Stelle also das Schema für den proportionalen Dreisatz (hier genügt der Zweisatz) auf:

$: 18\,000 \downarrow$ 18 000 Karten $\triangleq$ 327 600 DM $\downarrow$ _____ .
              1 Karte $\triangleq$ 18,20 DM

Rechne in kleinerer Einheit oder mit Komma!

Du kannst diese Aufgabe auch in Pfennigen rechnen und das Ergebnis anschließend in DM umwandeln, um beim Dividieren das Komma (18,20 DM) zu umgehen.
Die Einzelkarte kostet 18,20 DM.

Nebenrechnung

zu b) Hier ist zunächst eine Nebenrechnung nötig. Du rechnest aus, wie viele Karten noch verkauft werden:
18 000 − _____ = 16 800.
Je **weniger** Karten verkauft werden, desto _____ muss man für die Einzelkarte verlangen, um die gleichen Einnahmen zu erzielen. Du kannst also das Schema für den umgekehrt proportionalen Dreisatz aufstellen:

$: 18\,000 \downarrow$ 18 000 Karten $\triangleq$ 18,20 DM $\downarrow \cdot 18\,000$
              1 Karte $\triangleq$ 327 600 DM
$\cdot 16\,800 \downarrow$ 16 800 Karten $\triangleq$ 19,50 DM $\downarrow :$ _____

Der Verein müsste 19,50 DM für die Einzelkarte verlangen.

Dreisatz
ÜBUNGEN

■ Übungen ■

Entscheide dich für den proportionalen oder umgekehrt proportionalen Aufgabentyp und setze die fehlenden Angaben in die Lücken ein:

1. Für den Zubringerverkehr zu einer Messe werden 18 Busse eingesetzt, die jeweils 50 Personen transportieren können. Die Messeleitung überlegt, kleinere Busse einzusetzen, die jeweils nur für 30 Personen Platz haben. Wie viele Busse braucht man?
Gegebene Zahlen: ____ Personen, ____ Busse.
Gesuchte Größe: Anzahl ____ (mit je ____ Personen).
Je weniger Personen, desto _____ Busse.
Aufgabentyp: _____.

Kürze beim Aufgabentyp ab: p. oder u. p.

```
           50 Personen ≙ 18 Busse
____ 50 ↓                          ↓ ____ 50
            1 Person ≙ ____ Busse
____ 30 ↓                          ↓ ____ 30
          30 Personen ≙ ____ Busse
```

Antwort: Man bräuchte ____ kleinere Busse.

2. Sven fährt mit dem Fahrrad eine Strecke von 45 km in 3 Stunden. Wie lange hat er für eine Strecke von 10 km gebraucht, wenn er die ganze Zeit mit gleicher Geschwindigkeit gefahren ist?
Gegebene Zahlen: ____ km, ____ h.
Gesuchte Größe: ____ in (____ h).
Je weniger Kilometer, desto _____ Zeit.
Aufgabentyp: _____.

```
           45 km ≙ 3 h = ____ min
: 45 ↓                              ↓ ____ 45
            1 km ≙ ____ min
____ 10 ↓                           ↓ ____ 10
           ____ km ≙ ____ min
```

Proportional oder umgekehrt proportional?

Antwort: Sven hat für 10 km ____ min gebraucht.

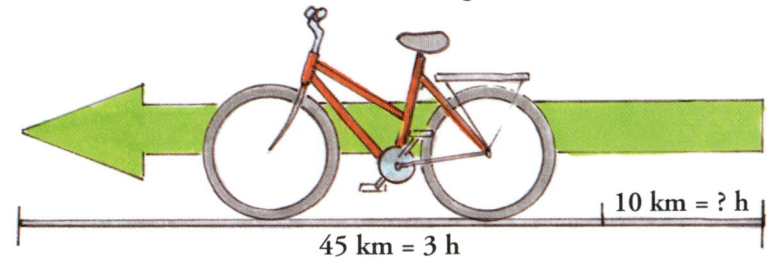

10 km = ? h
45 km = 3 h

79

Dreisatz mit 3 Größen

Manche Dreisatzaufgaben beinhalten drei verschiedene Größen, die zueinander in proportionaler oder umgekehrt proportionaler Beziehung stehen. In der folgenden Aufgabe sind das die Größen Geschwindigkeit, Strecke und Zeit:

Ein D-Zug fährt mit einer Durchschnittsgeschwindigkeit von 105 km/h eine bestimmte Strecke in 2 h 8 min.

a) Wie lang ist die Strecke?
b) Wie lange bräuchte der Zug für die gleiche Strecke bei einer Geschwindigkeit von 120 km/h?
c) Mit welcher Geschwindigkeit fährt ein Eilzug, der eine Strecke von 192 km ebenfalls in 2 h 8 min zurücklegt?

zu a) Gegeben: _____ km in _____ h _____ min.
Gesucht: **Strecke** (in km) in 2 h 8 min = _____ min.
Betrachte hier die Größen Zeit und Strecke:

Proportional: Zeit – Strecke

Je mehr Zeit, desto mehr Strecke (bei gleicher Geschwindigkeit) kann man zurücklegen:

$$60 \text{ min} \triangleq 105 \text{ km}$$
$$1 \text{ min} \triangleq 1{,}75 \text{ km}$$
$$128 \text{ min} \triangleq 224 \text{ km}$$

Umgekehrt proportional: Zeit – Geschwindigkeit

Die Strecke hat eine Länge von 224 km.

zu b) Gesucht: **Zeit** bei Geschwindigkeit von _____ km/h.
Je mehr Geschwindigkeit, desto weniger Zeit braucht man (für die gleiche Strecke):

Proportional: Strecke – Geschwindigkeit

$$105 \text{ km/h} \triangleq 128 \text{ min}$$
$$1 \text{ km/h} \triangleq 13\,440 \text{ min}$$
$$120 \text{ km/h} \triangleq 112 \text{ min}$$

Der Zug bräuchte für die gleiche Strecke nur 112 min.

zu c) Gesucht: **Geschwindigkeit** bei Strecke von 192 km. Je weniger Strecke, desto weniger Geschwindigkeit (in gleicher Zeit):

$$224 \text{ km} \triangleq 105 \text{ km/h}$$
$$1 \text{ km} \triangleq 105/224 \text{ h}$$
$$192 \text{ km} \triangleq 90 \text{ km/h}$$

Der Eilzug fährt mit einer Geschwindigkeit von 90 km/h.

Dreisatz
ÜBUNGEN

■ Übungen: proportionaler/ umgekehrt proportionaler Dreisatz ■

Entscheide dich in den ersten Aufgaben für den proportionalen oder umgekehrt proportionalen Aufgabentyp:

1. Die Geschwindigkeit von Schiffen und Flugzeugen wird in Knoten gemessen. Ein Knoten bedeutet eine Geschwindigkeit von 1,852 km/h.
   a) Wie viele Kilometer legt ein Schiff mit einer Geschwindigkeit von 26 Knoten in einer Stunde zurück?
   b) Ein Passagierflugzeug fliegt mit einer Geschwindigkeit von 250 Knoten. Wie viel km/h sind das? Wie weit fliegt das Flugzeug in 3,5 h?

2. Nicole hat für ihre 8 Goldfische einen Futtervorrat für 24 Tage. Zum Geburtstag bekommt sie noch 4 weitere Fische geschenkt; wie lange reicht der Vorrat jetzt?

3. Fülle diese Preistabelle für Elektrokabel aus:

Meter	1	1,5	2	2,5	3	3,5	4
Preis		2,40					

4. Die Klasse 6a muss als Hausaufgabe eine Seite aus dem Geschichtsbuch abschreiben. Ein Schüler hat ausgerechnet, dass er 8 Wörter pro Minute schreibt und insgesamt 30 Minuten für die Hausaufgabe braucht. Wie lange benötigt sein Mitschüler, der 12 Wörter pro Minute schreibt?

Betrachte für die Lösung der folgenden Aufgabe immer jeweils zwei der drei gegebenen Größen:

5. Eine Autofirma produziert an **6 Montagestraßen** täglich in **8-Stunden**-Schichten **480 PKWs**.
   a) Wie viele **Montagestraßen** braucht man, um in 6-Stunden-**Schichten** täglich gleich viele PKWs herzustellen?
   b) Wie viele **PKWs** kann man täglich (in 8-Stunden-Schichten) an 5 **Montagestraßen** herstellen?
   c) Wie viele **PKWs** kann man in 9-Stunden-**Schichten** (an 6 Montagestraßen) täglich herstellen?

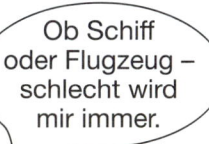

DER KREIS SCHLIESST SICH
Geometrie

Winkel

Du wirst dich vielleicht wundern, was die Geometrie mit Text- oder Sachaufgaben zu tun hat. Meistens haben diese Bereiche der Mathematik nicht viel gemeinsam, da die Aufgabentexte der Geometrie überwiegend Anweisungen zum Zeichnen sind:

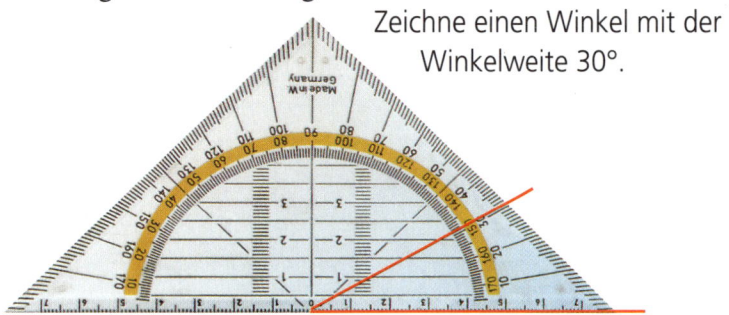

Zeichne einen Winkel mit der Winkelweite 30°.

Zeichne den Winkel wie in der Skizze: Zuerst zeichnest du mit einem Lineal eine Halbgerade, dann legst du wie oben das Geodreieck an und misst an der äußeren Skala den 30°-Winkel ab. Zum Schluss zeichnest du die zweite Halbgerade.

Manche Geometrieaufgaben sind dem Alltag entlehnt und du musst der Zeichnung eine Antwort auf eine Frage entnehmen:

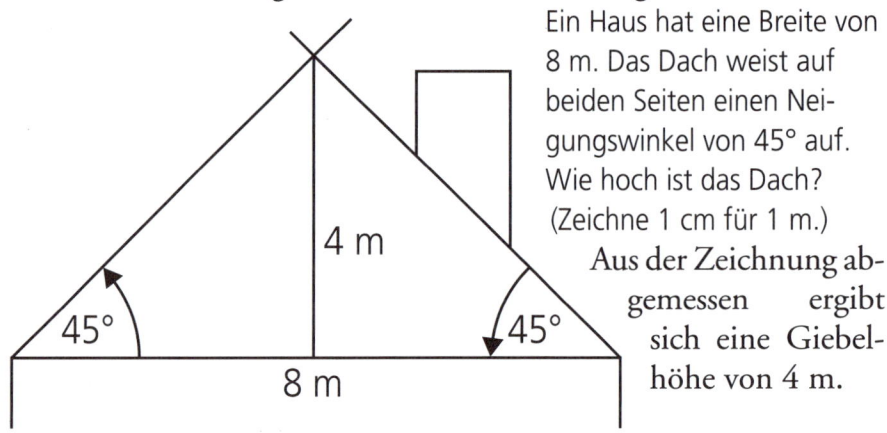

Ein Haus hat eine Breite von 8 m. Das Dach weist auf beiden Seiten einen Neigungswinkel von 45° auf. Wie hoch ist das Dach? (Zeichne 1 cm für 1 m.)

Aus der Zeichnung abgemessen ergibt sich eine Giebelhöhe von 4 m.

Geometrie
WINKEL

Manchmal sind in einer Geometrieaufgabe Angaben zum Maßstab der anzufertigenden Zeichnung gegeben. Hier musst du vor der Rechnung eine dir schon bekannte Maßstabsumrechnung vornehmen:

Ein rechteckiges Grundstück hat eine Länge von 40 m und eine Breite von 30 m. Wie lang ist die längste gerade Strecke (die Diagonale), die man auf dem Grundstück zurücklegen kann? Fertige eine Zeichnung im Maßstab 1:1 000 an.

Rechne zunächst die Längenangaben um:
40 m = 4 000 cm, 30 m = 3 000 cm.
Zeichne also ein Rechteck mit Länge 4 000 cm : 1 000 = 4 cm und Breite 3 000 cm : 1 000 = 3 cm:

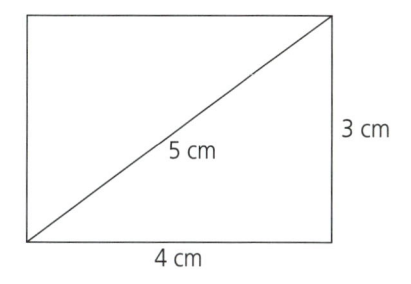

Die Diagonale hat in der Zeichnung eine Länge von 5 cm; rechne 5 cm · 1 000 = 5 000 cm = 50 m.
Antwort: Die längste gerade Strecke beträgt _____ m.

Ungenauigkeiten von 1–2 mm sind o.k.

■ Übungen ■

1. Eine Straße hat einen Steigungswinkel von 10°. Wie groß ist der Höhenunterschied auf einer Strecke von 100 Metern? (Zeichne 1 cm für 10 cm.)
2. Eine Leiter lehnt an einer Mauer. Am Boden ist sie 1 m von der Mauer entfernt und die Mauer trifft sie in einer Höhe von 2,83 m. Wie lang ist die Leiter? (Zeichne im Maßstab 1:50.)
3. Die Laderampe eines Autotransporters hat einen Steigungswinkel von 30° und eine Länge von 2 m. Wie hoch stehen die Autos des unteren Decks über dem Boden?

Kreis

Um einen Kreis zu zeichnen, brauchst du einen Zirkel und die Angabe des Radius:

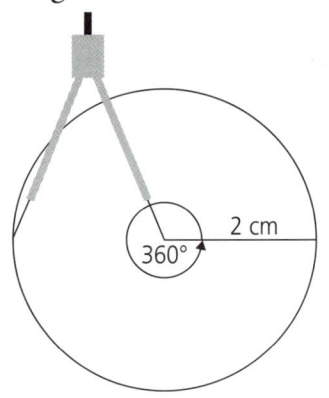

Zeichne einen Kreis mit dem Radius 2 cm.

Ein Kreis beschreibt einen Winkel von 360°.
Dies verwendet man für die Darstellung von Sachverhalten in einem Kreisdiagramm. Einer Gesamtheit entsprechen die 360°, Anteile der Gesamtheit entsprechen einem Teilwinkel des Kreises.

Dreisatz und Geometrie

An einer Schule mit 720 Schülern wurde eine Umfrage zum Lieblingshaustier der Schüler gemacht. 236 Schüler gaben den Hund an, 218 die Katze, 158 das Kaninchen, 68 den Wellensittich und 40 sonstige Haustiere. Stelle den Sachverhalt in einem Kreisdiagramm dar.

Für die Lösung dieser Aufgabe ist sowohl eine Dreisatzrechnung als auch eine Zeichnung nötig.
Berechne zunächst die Winkel der Anteile:

720 Schüler ≙ 360°
  1 Schüler ≙ 0,5°
236 Schüler ≙ 236 · 0,5° = 118° (Hund)
218 Schüler ≙ 218 · 0,5° = 109° (Katze)
158 Schüler ≙ 158 · 0,5° = 79° (Kaninchen)
 68 Schüler ≙ 68 · 0,5° = 34° (Wellensittich)
 40 Schüler ≙ 40 · 0,5° = 20° (sonstige)

Geometrie
KREIS

Die berechneten Winkel lassen sich nun in einem Kreisdiagramm darstellen:

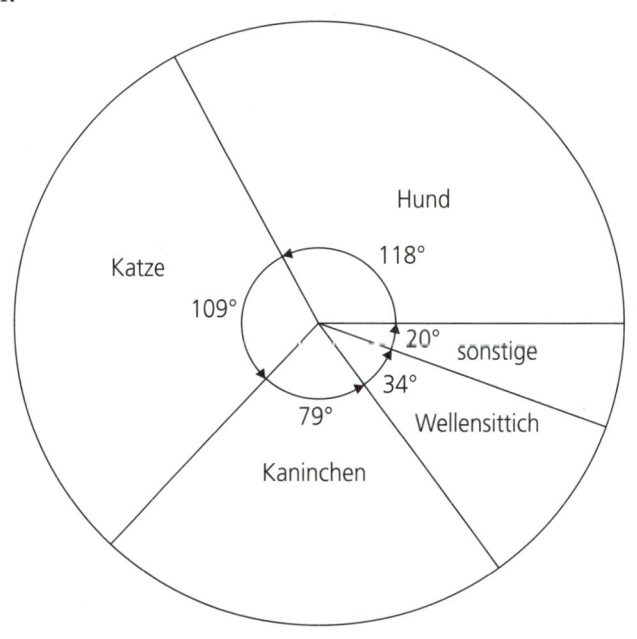

Kreisdiagramm: Hund 118°, Katze 109°, sonstige 20°, Wellensittich 34°, Kaninchen 79°

■ Übungen ■

1. Für die Verkehrsplanung einer Stadt wurde eine Umfrage gemacht. Von 1 000 Befragten kamen 475 mit dem Auto in die Stadt, 325 benutzten öffentliche Verkehrsmittel, 100 kamen mit dem Fahrrad, 50 zu Fuß und 50 mit sonstigen Fahrzeugen (z. B. Motorrad). Stelle die Ergebnisse der Umfrage in einem Kreisdiagramm dar.
2. Ein Hotelbesitzer sieht sich die momentane Belegung seiner 288 Zimmer an: 120 Doppelzimmer und 36 Einzelzimmer sind frei. Stelle diesen Sachverhalt in einem Kreisdiagramm dar.
3. Nach ihrem Lieblingsfach in der Schule befragt, bevorzugten von 100 befragten Schülern 25 Sport, 20 Kunst, 20 Biologie, 10 Deutsch, 10 Englisch, 15 sonstige Fächer. Für die Schülerzeitung soll ein Kreisdiagramm angefertigt werden; kannst du aushelfen?

LÖSUNGEN

Die Grundrechenarten

Seite 11
1. 23 · 54 = 1 242 **S**; 2. 678 + 567 = 1 245 **P**;
3. 1 225 : 25 = 49 **I**; 4. 3 476 – 591 = 2 885 **T**;
5. 7 046 – 145 = 6 901 **Z**;
6. 7 852 + 1 357 = 9 209 **E**;
7. 2 368 : 37 = 64 **N**;   8. 72 · 19 = 1 368 **E**;
9. 1 589 – 851 = 738 **R**;
10. 8 750 + 258 = 9 008 **G**;
11. 593 · 8 = 4 744 **E**; 12. 3 139 : 43 = 73 **B**;
13. 4 562 + 3 687 = 8 249 **N**;
14. 526 · 16 = 8 416 **I**;
15. 9 416 – 6 591 = 2 825 **S**.

Lösungswort: **Spitzenergebnis!!**

Seite 13
1. a) (411 + 63) – 15 = 459
   b) 32 · (462 : 14) = 1 056
   c) (165 – 88) + (5 · 1 000) = 5 077
   d) 2 · (76 · 4) + (876 : 6) = 754
2. a) (563 – 175) : 4 = 97
   b) 123 + (14 · 26) = 487
   c) (561 : 33) – 9 = 8
   d) (66 + 15) · 10 = 810
3. a) (9 356 – 8 462) : (25 – 19) = 149
   b) (4 496 : 8) + (39 · 45) = 2 317
   c) (6 421 – 4 862) · (3 144 : 524) = 9 354
4. a) 2 · (1 063 – 175) = 1 776
   b) ((15 · 17) : 3) + 1 503 = 1 588
5. a) (2 · (1 609 – 836)) + ((2 197 + 4 703) : 5) = 2 926

Seite 17
1. 142 + 13 = 155
   Daniel ist jetzt 155 cm groß.
2. 76 + 345 + 290 = 711
   Die Familie muss insgesamt 711 DM bezahlen.
3. 10 + 5 = 15
   Stefanie hat 15 Stunden gearbeitet.
   70 + 25 = 95   Stefanie hat 95 DM verdient.

Seite 21
1. 12 985 – 876 = 12 109
   Im letzten Jahr hatte das Hotel 12 109 Gäste.
2. Durchmesser Mars:
   12 756 km – 5 962 km = 6 794 km.
   Der Mars hat einen Durchmesser von 6 794 km.
   Durchmesser Mond:
   6 794 km – 3 318 km = 3 476 km.
   Der Mond hat einen Durchmesser von 3 476 km.
3. a) 860 kg – 391 kg – 276 kg – 101 kg = 92 kg.
   Es wurden 92 kg Birnen geliefert.
   b) Bananen: 391 kg – 56 kg = 335 kg.
   Äpfel: 276 kg – 31 kg = 245 kg
   Orangen: 101 kg – 22 kg = 79 kg
   Birnen: 92 kg – 14 kg = 78 kg.
   Es wurden 335 kg Bananen, 245 kg Äpfel, 79 kg Orangen und 78 kg Birnen verkauft.

Seite 23
1. 456 m + 1 596 m = 2 052 m.
   Der Ballon befindet sich in einer Höhe von 2 052 m.
2. 6 670 km – 5 350 km = 1 320 km.
   Der Rhein ist 1 320 km lang.
3. 93 kg – 49 kg = 44 kg.
   Sarah wiegt 44 kg.
4. 34 576 + 48 124 + 93 152 = 175 852
   Es kamen 175 852 Besucher.
5. 2 519 m – 593 m – 843 m = 1 083 m.
   Es fehlen noch 1 083 m.
6. 25 000 + 17 000 + 16 000 = 58 000
   (werden pro Tag produziert)
   58 000 – 1 224 = 56 776
   56 776 Glühbirnen können ausgeliefert werden.
7. 497 – 23 + 51 = 525 wollen mitfahren.
   532 – 525 = 7. 7 Plätze sind noch frei.

Lösungen
SEITE 11–33

8. a) Mark: 85 + 12 − 9 = 88.
Mark hat jetzt 88 Abziehbilder.
Benjamin: 91 − 12 + 9 = 88.
Benjamin hat auch 88 Bilder.
b) Hier hast du zwei Möglichkeiten:
Gesamtzahl (vor Tausch): 85 + 91 = 176
Gesamtzahl (nach Tausch): 88 + 88 = 176
Das Tauschen ändert nichts an der Gesamtzahl: Zusammen haben beide 176 Bilder.

Seite 27
1. 44 · 9 Zeichnungen = 396 Zeichnungen
Der Comiczeichner muss 396 Zeichnungen anfertigen.
2. 345 · 20 Eier = 6 900 Eier.
Die Schildkröten legen 6 900 Eier, also schlüpfen 6 900 Schildkröten.
3. 3 · 55 Liter = 165 Liter.
(Frau Leer tankt 165 Liter)
165 · 155 Pf = 25 575 Pf
= 255 DM und 75 Pf.
Sie bezahlt insgesamt 255 DM und 75 Pf.
4. Die Pizzas wiegen:
5 · 350 g = 1 750 g
Alle Portionen Spagetti wiegen:
8 · 240 g = 1 920 g.
Die Spagetti wiegen mehr.
5. a) 365 · 8 Stunden = 2 920 Stunden
b) 80 · 2 920 Stunden = 233 600 Stunden
Der Mensch schläft 2 920 Stunden im Jahr, 233 600 Stunden in 80 Jahren.

Seite 31
1. 392 km : 4 = 98 km.
Die Durchschnittsgeschwindigkeit betrug 98 km in der Stunde.
2. 112 DM : 14 = 8 DM.
Das Zelten kostet 8 DM pro Tag.
3. 3 872 DM : 11 DM = 352.
Das Kino hatte 352 Besucher.
4. 396 Jahre : 12 Jahre = 33.
In der Klasse sind 33 Schüler.

5. Laubwald: 2 760 ha : 2 = 1 380 ha.
genauso viel Nadelwald: 1 380 ha.
Der Wald besteht aus 1 380 ha Nadelwald und 1 380 ha Laubwald.
Laubwald besteht aus 5 Baumarten:
1 380 ha : 5 = 276 ha.
Hälfte des Nadelwaldes ist Tanne:
1 380 ha : 2 = 690 ha.
jeweils ein Viertel Kiefer und Fichte:
1 380 ha : 4 = 345 ha.
Der Wald besteht aus jeweils 276 ha Eichen, Buchen, Birken, Ahorn- und Kastanienbäumen sowie aus 690 ha Tanne und je 345 ha Kiefer und Fichte.

Seite 33
1. 1 148 DM : 82 = 14 DM.
Sie bezahlt 14 DM pro Quadratmeter.
2. 9 · 4 = 36.
Das Restaurant hat 36 Gäste.
3. pro Tag: 2 · 23 km = 46 km.
in 21 Tagen: 21 · 46 km = 966 km.
Er fährt in diesem Monat 966 km.
4. 255 : 85 = 3.
Michael muss 3 Fotos pro Seite einkleben.
5. pro Stunde: 4 · 5 min = 20 min.
pro Tag: 24 · 20 min = 480 min.
Der Sender zeigt 480 min Werbung pro Tag.
6. Gesamtzahl Schokoküsse: 3 · 12 = 36.
auf 9 Kinder verteilen: 36 : 9 = 4.
Jedes Kind kann 4 Schokoküsse essen.
7. Gesamtzahl Stühle: 24 · 15 = 360.
bei 12 Personen pro Reihe: 360 : 12 = 30.
Es entstehen 30 Reihen.
8. Zuerst Bäume auf einer Seite:
1 504 m : 8 m = 188.
Überlege, dass hier ein Baum fehlt (Skizze!).
Es stehen 189 Bäume an einer Straßenseite.
Also an beiden Seiten: 2 · 189 = 378.
Insgesamt besteht die Allee aus 378 Bäumen.

Seite 35/36

1. Gesamtzahl der Fenster: 12 · 16 = 192
   Preis: 192 · 750 DM = 144 000 DM
   Die Fenstererneuerung kostet 144 000 DM.
2. 843 DM – 489 DM = 354 DM.
   Philipp fehlen noch 354 DM.
3. 2 376 + 1 745 + 2 119 = 6 240.
   Der Zoo hatte 6 240 Besucher.
4. 48 mm : 6 = 8 mm.
   Die Fliege ist in Wirklichkeit 8 mm lang.
5. Die Zeitschrift kostet im Abo pro Monat:
   96 DM : 12 = 8 DM.
   9 DM – 8 DM = 1 DM.
   Die Einzelzeitschrift ist um 1 DM teurer.
6. Gesamtpreis Ratenzahlung:
   12 · 108 DM = 1 296 DM.
   1 296 DM – 1 198 DM = 98 DM.
   Die Waschmaschine wird bei Ratenzahlung um 98 DM teurer.
7. Durchschnitt ausrechnen: zuerst Summe:
   1 + 2 + 4 + 8 + 13 + 16 + 18 + 17 + 14 + 9 + 5 + 1 = 108° C
   Teile durch Anzahl Summanden (12 Monate): 108° C : 12 = 9° C. Die Durchschnittstemperatur in Deutschland beträgt 9° C.
8. Preis Mineralwasser: 12 · 80 Pf = 960 Pf
   Preis Cola: 15 · 120 Pf = 1 800 Pf.
   Preis Apfelsaft: 20 · 140 Pf = 2 800 Pf.
   Zusammen: 960 Pf + 1 800 Pf + 2 800 Pf = 5 560 Pf = 55 DM und 60 Pf.
   Zurück: 100 DM – 55,60 DM = 44,40 DM
   Herr Meuer bekommt 44 DM und 40 Pf zurück.
9. a) Eine Übernachtung für 28 Personen:
   28 · 18 DM = 504 DM.
   Übernachtungskosten für 10 Tage:
   10 · 504 DM = 5 040 DM.
   Schwimmbad für 28 Personen:
   28 · 3 DM = 84 DM
   Gesamtkosten:
   756 + 5 040 + 420 + 84 = 6 300 DM
   Die Klassenfahrt kostet insgesamt 6 300 DM.

   b) Kosten pro Person:
   6 300 DM : 28 = 225 DM
   zusätzlich Taschengeld:
   225 DM + 25 DM = 250 DM
   Jeder Schüler bezahlt 250 DM.
10. a) Restmüll:
    340 kg – 102 kg – 32 kg – 41 g = 165 kg
    Der restliche Müll wiegt 165 kg.
    b) 2 513 · 340 kg = 854 420 kg
    Es fällt 854 420 kg Müll an.
11. Alter Wellensittich-/Kaninchen-Paar:
    5 + 4 = 9 Jahre.
    Es gibt 27 : 9 = 3 Pärchen, also hat Caroline 3 Wellensittiche und 3 Kaninchen.

Messen

Seite 39

1. a) 5 m   b) 4 000 m   c) 60 cm
   d) 9 cm   e) 3 dm
2. a) 7,5 dm   b) 38 dm   c) 96,7 cm
3. a) 530 mm   b) 25 970 dm   c) 2,64 dm
   d) 4,93 m

Seite 41

1. 10 km = 10 000 m
   10 000 m : 200 m = 50
   Der 10-km-Lauf besteht aus 50 Runden.
2. 5 · 14 cm = 70 cm, 9 · 3 dm 2 cm = 288 cm
   70 cm + 288 cm = 358 cm. Der Rest ist
   520 cm – 358 cm = 162 cm lang.
3. 2 · 420 cm + 2 · 380 cm – 80 cm
   = 1 520 cm = 15,20 m
   Die Fußleiste ist 15,20 m lang.
4. 120 000 · 8 cm = 960 000 cm = 96 000 dm
   = 9 600 m = 9,6 km.
   Die Strecke wäre 9,6 km lang.
5. 300 000 · 16 cm = 480 000 cm
   = 480 000 dm = 48 000 m = 48 km.
   Dover und Calais sind 48 km voneinander entfernt.

6. 48 · 15 cm = 720 cm = 7,20 m.
48 · 22 cm = 1 056 cm = 10,56 m.
Das Flugzeug hat eine Länge von 7,20 m und eine Flügelspannweite von 10,56 m.

7. 16 km = 16 000 m = 160 000 dm
= 1 600 000 cm.
1 600 000 cm : 200 000 = 8 cm.
Auf der Karte ist die Meerenge von Gibraltar 8 cm breit.

Seite 43

1. a) 6 t   b) 9 g   c) 7 kg
d) 7 621 mg   e) 3 925 kg
2. a) 5,357 kg   b) 6,391 t   c) 75,413 g
d) 12,518 kg
3. a) 3,029 t   b) 19 001 g   c) 0,763 kg
d) 0,015 kg   e) 2,009 t

Seite 45

1. Futterbedarf pro Tag: 15 · 5 kg = 75 kg
3 t = 3 000 kg.
Das Futter reicht 3 000 kg : 75 kg = 40 Tage.
2. 2 380 · 50 mg = 119 000 mg = 119 g.
Die Sammlung wiegt 119 g.
3. Person mit Gepäck: 75 kg + 20 kg = 95 kg
450 Personen: 450 · 95 kg = 42 750 kg.
42 750 kg + 6 000 kg = 48 750 kg = 48,750 t
Das Flugzeug transportiert 48,750 t.
4. 15 000 · 20 mg = 300 000 mg = 300 g.
Die Reiskörner wiegen 300 g.
5. a) Restladung: 2 400 t – 450 t – 510 t
= 1 440 t.
1 440 t : 48 = 30 t = 30 000 kg.
Es werden 30 t auf einen Wagon geladen.
b) 30 000 kg : 6 000 kg = 5.
Man braucht 5 LKWs.
6. 200 g + 215 g + (4 · 60 g) + 225 g + 30 g + (3 · 15 g) + 20 g + 10 g = 985 g.
Die Zutaten wiegen 985 g.

Seite 47

1. a) 2 min   b) 96 h   c) 6 h
d) 420 min   e) 2 160 s
2. a) 165 min   b) 1 676 s   c) 78 h
d) 12 733 s   e) 90 545 min

Seite 49

1. a) 3 h 27 min
b) 14 h 5 min
c) 16 h 31 min – 14 h 51 min = 15 h 91 min – 14 h 51 min = 1 h 40 min
2. a) 13 h 27 min + 3 h 42 min
= 16 h 69 min = 17 h 9 min = 17.09 Uhr
b) 23 h 18 min – 17 h 3 min
= 6 h 15 min = 6.15 Uhr
c) 12 h 2 min – 5 h 46 min = 11 h 62 min – 5 h 46 min = 6 h 16 min = 6.16 Uhr
3. Frau Neuser benötigt 18 · 50 000 min
= 900 000 min = 15 000 h = 625 d.
4. a) Für die ersten 4 Kilometer:
2 min 22 s + 2 min 50 s + 2 min 45 s + 2 min 34 s = 10 min 31 s
13 min 20 s – 10 min 31 s
= 12 min 80 s – 10 min 31 s
= 2 min 49 s.
Für den letzten Kilometer brauchte der Läufer 2 min 49 s.
b) 13 min 20 s = 800 s
800 s : 5 = 160 s = 2 min 40 s.
Die Durchschnittsgeschwindigkeit betrug 2 min 40 s pro Kilometer.
5. 12 h 15 min + 23 min + 20 min + 1 h 15 min = 14 h 13 min.
Manuel ist um 14.13 Uhr mit seinen Hausaufgaben fertig.
6. a) 11 h 11 min – 10 h 55 min = 16 min.
Frau Meiser fährt 16 min.
b) 11 h 27 min – 11 h 7 min = 20 min.
Sonja fährt 20 min.
c) 10 h 59 min + 12 min = 11 h 11 min.
Martin ist am Maximiliansplatz eingestiegen.

Flächen- und Rauminhalte

Seite 51

1. a) 234 cm² b) 1 250 dm² c) 9 700 m²
d) 59,2 km² e) 37 850 a

2. a) 700 m · 700 m = 490 000 m².
Der Wald besteht aus 490 000 Bäumen.
b) 490 000 m² = 4 900 a = 49 ha.
Der Wald hat eine Fläche von 49 ha.
c) 4 · 700 m = 2 800 m
Man braucht 2 800 m Zaun.

3. 45 cm · 45 cm = 2 025 cm².
Der Maler benötigte 2 025 cm² Leinwand.

4. Fläche Zimmer: 4 m · 4 m = 16 m².
Erstes Angebot: 16 · 15 DM = 240 DM.
Zweites Angebot: 16 · 17 DM = 272 DM.
272 DM – 240 DM = 32 DM. Die Angebote unterscheiden sich um 32 DM.

Seite 53

1. a) 297 mm · 210 mm = 62 370 mm²
= 623,7 cm². Das Blatt hat eine Fläche von 623,7 cm².
b) 2 · 297 mm + 2 · 210 mm = 1 014 mm
= 101,4 cm. Das Blatt hat einen Umfang von 101,4 cm.

2. 5 m · 1,20 m = 6 m², 6 · 13 DM = 78 DM.
Frau Kreuzer bezahlt 78 DM.

3. Bad: 3 m · 2,5 m = 7,5 m²
Küche: 3 m · 3,5 m = 10,5 m²
Schlafzimmer: 3 m · 4,5 m = 13,5 m²
Flur: 1,5 m · 3 m = 4,5 m²
Wohnzimmer: 4 m · 5,5 m = 22 m²
Insgesamt: 7,5 m² + 10,5 m² + 13,5 m²
+ 4,5 m² + 22 m² = 58 m²
Die Wohnung hat eine Fläche von 58 m².

4. Kartoffeln: 300 m · 35 m = 10 500 m²
= 105 a.
Rest: 600 a – 105 a = 495 a. Der Hafer wurde auf einer Fläche von 495 a gesät.

5. Wände ohne Tür und Fenster:
2 · (4 m · 2,2 m) + 2 · (3 m · 2,2 m)
– 2 m · 1,2 m – 2 m · 0,8 m = 26,8 m²
Decke: 4 m · 3 m = 12 m²
Zusammen: 26,8 m² + 12 m² = 38,8 m²
Die gestrichene Fläche ist 38,8 m² groß.

Seite 55

1. a) 1,954 cm³ b) 1 843 cm³ c) 21,689 m³
d) 5 320 dm³ e) 36 000 cm³ f) 73,624 ml

2. V = 77 · 77 · 77 cm³ = 456 533 cm³
= 456,533 dm³ = 456,533 l.
Es passen 456,533 l Milch in den Würfel.

3. O = 6 · 9,1 dm · 9,1 dm = 496,86 dm²
Man braucht 49 686 cm² Pappe.
V = 9,1 dm · 9,1 dm · 9,1 dm = 753,571 dm³
Der Rauminhalt beträgt 753,571 dm³.

4. a) V = 12 cm · 12 cm · 12 cm = 1 728 cm³
Der Würfel hat einen Rauminhalt von 1 728 cm³.
b) 1 728 · 11 g = 19 008 g = 19 kg 8 g.
Der Bleiwürfel wiegt 19 kg und 8 g.

5. Ein Würfel hat 12 Kanten.
168 cm : 12 = 14 cm. Der Würfel hat höchstens eine Kantenlänge von 14 cm.

Seite 57

1. a) V = 40 cm · 40 cm · 40 cm = 64 000 cm³.
O = 6 · 40 cm · 40 cm = 9 600 cm².
Der Würfel hat einen Rauminhalt von 64 000 cm³ und eine Oberfläche von 9 600 cm².
b) Grundfläche Quader: 25 cm · 40 cm
= 1 000 cm².
Höhe: 64 000 cm³ : 1 000 cm² = 64 cm.
O = 2 · 25 · 40 + 2 · 25 · 64 + 2 · 40 · 64
= 10 320 cm². Der Quader hat eine Höhe von 64 cm und eine Oberfläche von 10 320 cm².

2. a) Volumen Balkonkasten:
   $24\ dm^2 \cdot 2\ dm = 48\ dm^3$
   4 Kästen: $4 \cdot 48\ dm^3 = 192\ dm^3$.
   Sie braucht 192 dm³ = 192 l Blumenerde.
   b) Frau Müller braucht 4 50-l-Säcke (200 l).
   Es bleiben dann 200 l – 192 l = 8 l übrig.
3. a) Rechne mit Wassertiefe von 2,30 m
   (2,50 m – 20 cm):
   $V = 25\ m \cdot 10\ m \cdot 2{,}30\ m = 575\ m^3$
   = 575 000 l. Man braucht 575 000 l.
   b) Quader mit Höhe 0,20 m:
   $V = 25\ m \cdot 10\ m \cdot 0{,}20\ m = 50\ m^3$
   = 50 000 l.
   Es passen noch 50 000 l in das Becken.
4. Erster Quader: $1\ cm \cdot 2\ cm \cdot 3\ cm = 6\ cm^3$.
   Zweiter Quader: $2\ cm \cdot 2\ cm \cdot 7\ cm = 28\ cm^3$.
   Insgesamt hat der Körper einen Rauminhalt
   von 6 cm³ + 28 cm³ = 34 cm³.

Zweisatz

Seite 59

1. $:5 \Big\downarrow \begin{matrix} 5\ l\ Milch \triangleq 7{,}50\ DM \\ 1\ l\ Milch \triangleq 1{,}50\ DM \end{matrix} \Big\downarrow :5$

2. $\cdot 15 \Big\downarrow \begin{matrix} 1\ Dollar \triangleq 1{,}70\ DM \\ 15\ Dollar \triangleq 25{,}50\ DM \end{matrix} \Big\downarrow \cdot 15$

3. $:3 \Big\downarrow \begin{matrix} 3\ Tafeln\ Schokolade \triangleq 300\ g \\ 1\ Tafel\ Schokolade \triangleq 100\ g \end{matrix} \Big\downarrow :3$

4. $\cdot 5 \Big\downarrow \begin{matrix} 1\ Schulstunde \triangleq 45\ min \\ 5\ Schulstunden \triangleq 225\ min \end{matrix} \Big\downarrow \cdot 5$

Seite 61

1. a) 1 h ≙ 30 DM   8 h ≙ 240 DM
   Der Arbeiter verdient 240 DM pro Tag.
   b) 1 h ≙ 30 DM   38 h ≙ 1 140 DM
   Der Arbeiter verdient 1 140 DM pro Woche.

2. a) 12 Sprünge ≙ 72 m
      1 Sprung ≙ 6 m.
   Das Känguru springt 6 m mit einem Sprung.
   b) 1 Sprung ≙ 6 m
      7 Sprünge ≙ 42 m.
   Das Känguru springt 42 m mit 7 Sprüngen.

3. a) Fläche Beet: 5 m · 3 m ≙ 15 m².
      1 m² ≙ 36 Pflanzen
      15 m² ≙ 540 Pflanzen
   Er pflanzt 540 Pflanzen pro Beet.
   b) 1 Beet ≙ 540 Pflanzen
      4 Beete ≙ 2 160 Pflanzen
   Er pflanzt insgesamt 2 160 Pflanzen.

4. Schweden: 10 Tage ≙ 1 400 DM
               1 Tag ≙ 140 DM
   Spanien: 14 Tage ≙ 1 330 DM
               1 Tag ≙ 95 DM
   Frankreich: 21 Tage ≙ 2 310 DM
               1 Tag ≙ 110 DM
   England: 12 Tage ≙ 1 440 DM
               1 Tag ≙ 120 DM
   Italien: 9 Tage ≙ 1 080 DM
               1 Tag ≙ 120 DM
   Für die Spanienreise bezahlt man den günstigsten Tagespreis.

5. a) 1 Person ≙ 130 l
      4 Personen ≙ 520 l
   Sie verbrauchen 520 l Wasser pro Tag.
   b) 1 Tag ≙ 520 l
      365 Tage ≙ 189 800 l.
   Sie verbrauchen 189 800 l Wasser pro Jahr.
   c) 189 800 l ≙ 189,800 m³
      1 m³ ≙ 4 DM
      189,800 m³ ≙ 759,20 DM

6. a) 1 Rose ≙ 1,20 DM
      15 Rosen ≙ 18 DM
   Der Strauß kostet 18 DM.
   b) Diese Aufgabe ist unsinnig, da Jens die 400 m nicht gleich schnell laufen kann.
   c) Auch diese Aufgabe kann man nicht mit dem Zweisatz rechnen, da Sina nicht in jedem Jahr 12 cm wächst.

Seite 63

1. $:17 \left\lfloor \begin{array}{l} \text{17 Kinder} \triangleq \text{5 Bonbons pro Kind} \\ \text{1 Kind} \triangleq \text{85 Bonbons pro Kind} \end{array} \right\rfloor \cdot 17$

2. $\cdot 12 \left\lfloor \begin{array}{l} \text{1 Torte} \triangleq \text{960 g} \\ \text{12 Tortenstücke} \triangleq \text{80 g pro Stück} \end{array} \right\rfloor :12$

Seite 65

1. a) 20 Teile ≜ 2,5 m
      1 Teil ≜ 50 m
      Die Paketschnur ist 50 m lang.
   b) 5 000 cm ≜ 1 Teil
      10 cm ≜ 500 Teile
      Man muss die Schnur in genau 500 Teile aufteilen.
2. a) 3 Pumpen ≜ 8 h
      1 Pumpe ≜ 24 h
      Eine Pumpe braucht 24 Stunden.
   b) 1 Pumpe ≜ 24 h
      4 Pumpen ≜ 6 h
      Vier Pumpen benötigen 6 Stunden.
3. 1 Tom ≜ 18 h
   6 Freunde ≜ 3 h
   Toms Freunde brauchen 3 h.
4. 1 Beet ≜ 200 m²
   4 Beete ≜ 50 m²
   5 Beete ≜ 40 m²
   10 Beete ≜ 20 m²
   Die Beete hätten eine Fläche von 50 m², 40 m² oder 20 m².
5. 1 Behälter ≜ 150 l
   200 Behälter ≜ 0,75 l
   Jede Flasche enthält 0,75 l.
6. a) 1 Person ≜ 80 125 DM
      5 Personen ≜ 16 025 DM
      Eine Person bekäme 16 025 DM.
   b) 1 Person ≜ 80 125 DM
      25 Personen ≜ 3 205 DM
      Eine Person bekäme 3 205 DM.

Seite 67

1. Aufgabentyp: proportional.

   $\cdot 370 \left\lfloor \begin{array}{l} 1 \text{ cm}^3 \triangleq 19{,}3 \text{ g} \\ 370 \text{ cm}^3 \triangleq 7\,141 \text{ g} \end{array} \right\rfloor \cdot 370$

   Ein Barren wiegt 7 141 g.

2. Aufgabentyp: umgekehrt proportional

   $:2 \left\lfloor \begin{array}{l} \text{2 Männer} \triangleq \text{8 h} \\ \text{1 Mann} \triangleq \text{16 h.} \end{array} \right\rfloor \cdot 2$

   Ein Mann braucht 16 Stunden.

Seite 69

1. 1 Maschine ≜ 10 Tage
   5 Maschinen ≜ 2 Tage
   5 Maschinen brauchen 2 Tage.
2. a) 5 l ≜ 100 km
      1 l ≜ 20 km
      Mit einem Liter kommt man 20 km weit.
   b) 1 l ≜ 20 km
      45 l ≜ 900 km
      Das Auto kommt 900 km weit.
   c) 1 l ≜ 1,62 DM
      45 l ≜ 72,90 DM
3. 24 h ≜ 40 080 km
   1 h ≜ 1 670 km
   Du legst 1 670 km/h zurück.
4. 5 m · 3 m ≜ 15 m²
   a) 1 m² ≜ 9 Platten
      15 m² ≜ 135 Platten
      Er muss 135 Platten legen.
   b) 1 Platte ≜ 18 DM
      135 Platten ≜ 2 430 DM
      Die Platten kosten 2 430 DM.
5. 3 h ≜ 360 km
   1 h ≜ 120 km
   Frau Wiesner fuhr 120 km/h schnell.
6. a) 3 kg ≜ 47 Beutel
      1 kg ≜ 141 Beutel
      Er kann 141 1-kg-Beutel abwiegen.

Lösungen
SEITE 63–77

b) 1 Beutel ≙ 3,50 DM
47 Beutel ≙ 164,50 DM
Er würde 164,50 DM bekommen.
c) 1 Beutel ≙ 1,30 DM
141 Beutel ≙ 183,30 DM
Er bekäme 183,30 DM, also 18,80 DM mehr, für die 1-kg-Beutel.

b) 3 kg Kupfer ≙ 4 kg Messing
1 kg Kupfer ≙ $\frac{4}{3}$ kg Messing
2 523 kg Kupfer ≙ 3 364 kg Messing
Man kann 3 364 kg Messing herstellen.

4. 80 km ≙ 60 min
1 km ≙ 0,75 min
104 km ≙ 78 min
Frau Baumann benötigte 78 min.

Dreisatz

Seite 71

1.
:200 ↓ 200 g ≙ 350 Pf ↓ :200
·500 ↓ 1 g ≙ 1,75 Pf ↓ ·500
500 g ≙ 875 Pf ≙ 8,75 DM.

500 g Salami kosten 8,75 DM.

2.
:3 ↓ 3 km ≙ 9 min ↓ :3
·10 ↓ 1 km ≙ 3 min ↓ ·10
10 km ≙ 30 min.

Der Bus fährt 10 km in 30 min.

Seite 73
1. 100 FF ≙ 30 DM
1 FF ≙ 0,30 DM
2 000 FF ≙ 600 DM
Sie müssten 600 DM bezahlen.

2. a) 7 km ≙ 12 min
1 km ≙ 12/7 min
21 km ≙ 36 min
Jan braucht 36 min.
b) 12 min ≙ 7 km
1 min ≙ 7/12 km
60 min ≙ 35 km
Jan fährt mit 35 km/h.

3. a) 4 kg Messing ≙ 3 kg Kupfer
1 kg Messing ≙ 0,75 kg Kupfer
68 kg Messing ≙ 51 kg Kupfer
Es sind 51 kg Kupfer darin enthalten.

Seite 75

1.
:3 ↓ 3 DM ≙ 6 Tage ↓ ·3
·2 ↓ 1 DM ≙ 18 Tage ↓ :2
2 DM ≙ 9 Tage

Lenas Taschengeld reicht 9 Tage.

2.
:2 ↓ 2 Installateure ≙ 10 Tage ↓ ·2
·5 ↓ 1 Installateur ≙ 20 Tage ↓ :5
5 Installateure ≙ 4 Tage

5 Installateure brauchen 4 Tage.

3.
:90 ↓ 90 km/h ≙ 2 h 15 min ≙ 135 min ↓ ·90
·75 ↓ 1 km/h ≙ 12 150 min ↓ :75
75 km/h ≙ 162 min

Familie Hermann braucht 162 min
= 2 h 42 min für die Rückfahrt.

Seite 77
1. 28 m lang ≙ 15 m breit
1 m lang ≙ 420 m breit
21 m lang ≙ 20 m breit
Der Schulhof ist 20 m breit.

2. a) 12 Stücke ≙ 1,50 DM
1 Stück ≙ 18 DM
15 Stücke ≙ 1,20 DM
Sie müsste das Stück für 1,20 DM verkaufen.

b) 1,50 DM ≙ 12 Stücke
   1 DM ≙ 18 Stücke
   Der Blechkuchen müsste in 18 Teile geteilt werden.

3. 48 cm² ≙ 15 cm
   1 cm² ≙ 720 cm
   40 cm² ≙ 18 cm
   Die neuen Verpackungen sind 18 cm hoch.

4. Rest: 41 Tage − 9 Tage = 32 Tage
   12 Personen + 4 Personen = 16 Personen
   12 Personen ≙ 32 Tage
   1 Person ≙ 384 Tage
   16 Personen ≙ 24 Tage
   Die Vorräte reichen noch 24 Tage.

5. a) 14 h − 2 h = 12 h
   5 Mähdrescher ≙ 12 h
   1 Mähdrescher ≙ 60 h
   4 Mähdrescher ≙ 15 h.
   Die Ernte dauert noch 15 h.
   b) 2 h + 15 h = 17 h
   Insgesamt dauerte die Ernte 17 h.

Seite 79

1. Aufgabentyp: umgekehrt proportional

: 50 ⎰ 50 Personen ≙ 18 Busse ⎱ · 50
· 30 ⎱ 1 Person ≙ 900 Busse ⎰ : 30
       30 Personen ≙ 30 Busse

Antwort: Man bräuchte 30 kleinere Busse.

2. Aufgabentyp: proportional.

: 45 ⎰ 45 km ≙ 3 h = 180 min ⎱ : 45
· 10 ⎱ 1 km ≙ 4 min ⎰ · 10
       10 km ≙ 40 min

Antwort: Sven hat für 10 km 40 Minuten gebraucht.

Seite 81

1. a) 1 Knoten ≙ 1,852 km/h
   26 Knoten ≙ 48,152 km/h
   Das Schiff fährt mit 48,152 km/h.
   b) 1 Knoten ≙ 1,852 km/h
   250 Knoten ≙ 463 km/h
   Das Flugzeug fliegt 463 km/h.
   1 h ≙ 463 km
   3,5 h ≙ 1 620,5 km
   Das Flugzeug fliegt 1 620,5 km weit.

2. 8 Fische ≙ 24 Tage
   1 Fisch ≙ 192 Tage
   12 Fische ≙ 16 Tage
   Das Futter reicht noch für 16 Tage.

3.

Meter	1	1,5	2	2,5
Preis	1,60	2,40	3,20	4,00

Meter	3	3,5	4
Preis	4,80	5,60	6,40

4. 8 Wörter/min ≙ 30 Minuten
   1 Wort/min ≙ 240 Minuten
   12 Wörter/min ≙ 20 Minuten
   Er ist in 20 Minuten fertig.

5. a) 8 h ≙ 6 Montagestraßen
   1 h ≙ 48 Montagestraßen
   6 h ≙ 8 Montagestraßen
   Man braucht 8 Montagestraßen.
   b) 6 Montagestraßen ≙ 480 PKWs
   1 Montagestraße ≙ 80 PKWs
   5 Montagestraßen ≙ 400 PKWs
   Man kann 400 PKWs herstellen.
   c) 8 h ≙ 480 PKWs
   1 h ≙ 60 PKWs
   9 h ≙ 540 PKWs
   Man kann 540 PKWs herstellen.

Lösungen
SEITE 79–85

Geometrie

Seite 83

1. Aus der Zeichnung 1,8 cm, also
10 · 1,8 = 18 m

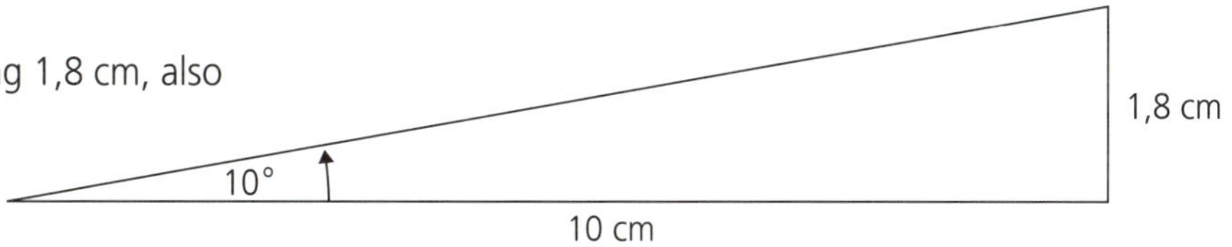

2. Rechne den Maßstab für die Zeichnung aus:
100 cm : 50 = 2 cm
283 cm : 50 = 5,66 cm
In der Zeichnung hat die Leiter eine Länge von 6 cm, also in Wirklichkeit
50 · 6 cm
= 300 cm = 3 m.

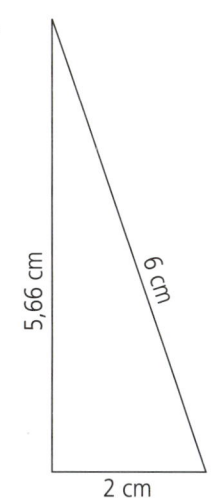

2. Umrechnung in Gradzahlen:
288 ≙ 360°
1 ≙ 1,25°
120 ≙ 150°, 84 ≙ 105°,
48 ≙ 60°, 36 ≙ 45°

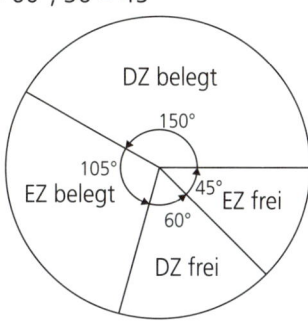

3. Zeichne statt Meter Zentimeter (den Maßstab kannst du hier beliebig wählen):

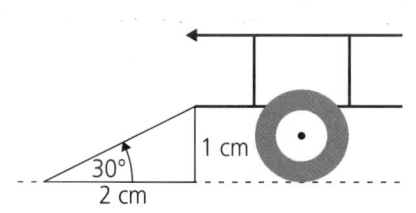

Lies aus der Zeichnung 1 cm ab, das ist 1 m in Wirklichkeit.

3. 100 ≙ 360°, 1 ≙ 3,6°
25 ≙ 90°, 20 ≙ 72°, 10 ≙ 36°, 15 ≙ 54°

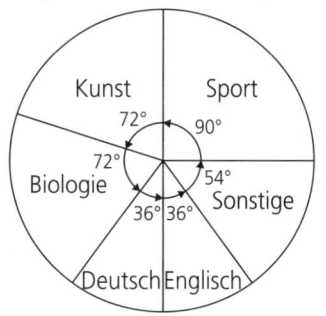

Seite 85

1. Umrechnung der Angaben in Gradzahlen:
1 000 ≙ 360°, 1 ≙ 0,36°
475 ≙ 171°
325 ≙ 117°
100 ≙ 36°
50 ≙ 18°

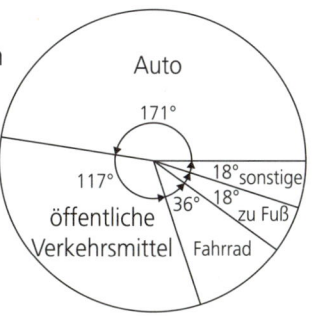

Bei dir geht hoffentlich nichts zu Bruch!

MATHEMATIK

6./7. Klasse

Jürgen K. Huber

Teil 2:

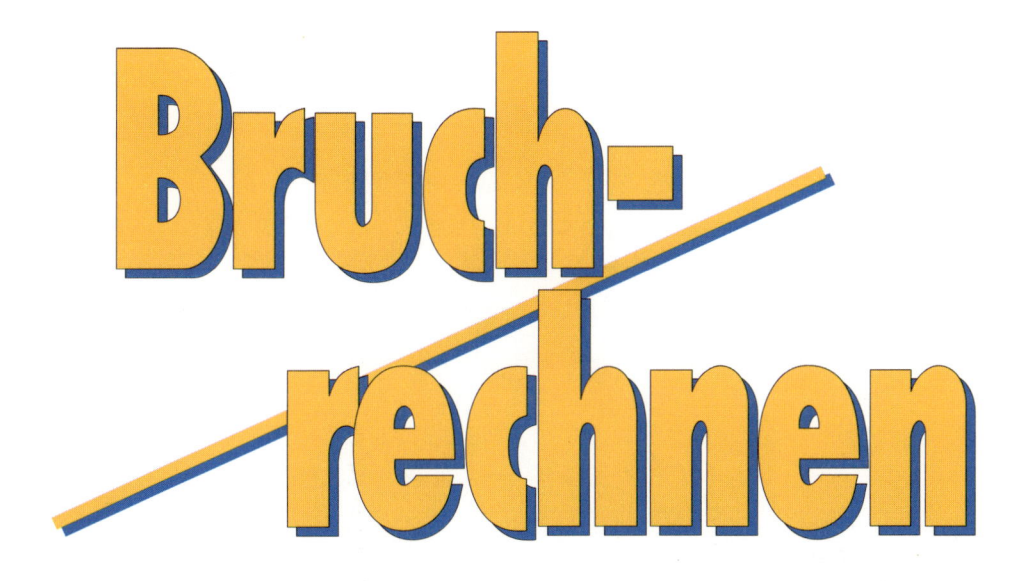

Bruchrechnen

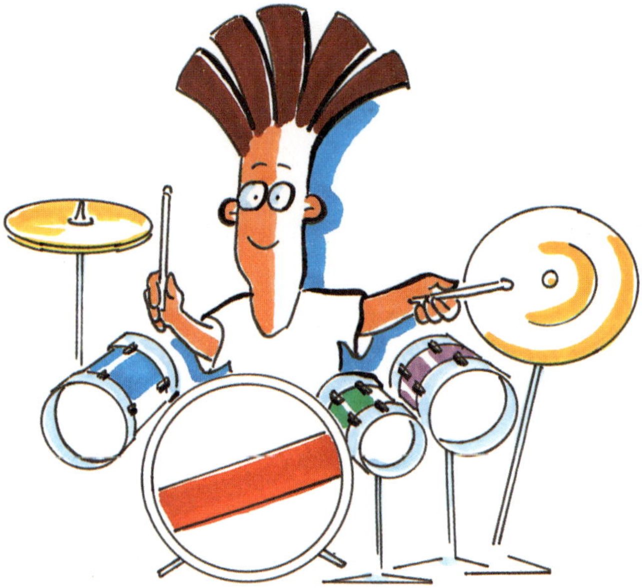

INHALT

EINE WELT VOLLER BRÜCHE
Brüche im Alltag 100
    Wiederholung mathematischer Begriffe 101
    Inhalt des Buches 102
    Wie dir das Buch weiterhilft 103

BRÜCHE MIT GRIPS
Bestandteile von Brüchen 104
    Echte Brüche 104
    Gemischte Brüche 106
    Teiler und Teilerregeln 108
    Kürzen von Brüchen 110
    Erweitern von Brüchen 112
    Ordnen und Vergleichen 114
    Regeln im Überblick 116

BRUCHRECHNEN – KEIN PROBLEM
Grundrechenarten mit Brüchen 118
    Multiplikation von Brüchen 118
    Division von Brüchen 120
    Addition von Brüchen 122
    Subtraktion von Brüchen 124
    Gesetze und Regeln 126
    Bruchrechnen in Termen 128
    Regeln im Überblick 130
    Übungen zu den einzelnen Rechenarten 132

DIE BRÜCHE MIT DEM KOMMA
Dezimalschreibweise für Brüche 134
    Umwandlung und Ordnen 134
    Addition von Dezimalbrüchen 136
    Subtraktion und Bruchterme 138
    Multiplikation von Dezimalbrüchen 140
    Division mit Dezimalbrüchen 142
    Mittelwert und Umwandlungen 144
    Periodische Dezimalbrüche 146
    Runden von Dezimalbrüchen 148
    Rechnen mit Einheiten 150
    Regeln im Überblick 152
    Übungen zu den Dezimalbrüchen 154

WEITER IM TEXT …
Trickreiche Textaufgaben 156
    Lösungsansätze 156
    Trick 5: bildlich vorstellen 158
    Trick 4: Hinweiswörter 160
    Übungen mit verschiedenen Textaufgaben .. 162

LÖSUNGEN 164

EINE WELT VOLLER BRÜCHE
Brüche im Alltag

Viererlei für einen Bruchwert

Im Alltag begegnet dir das Wort „Bruch" in Form von Beinbruch, Schiffbruch, Wolkenbruch oder Steinbruch. Auch in der alltäglichen Mathematik gibt es verschiedene Formen von Brüchen. Dies sind **echte Brüche, unechte Brüche, gemischte Brüche** und **Dezimalbrüche**.

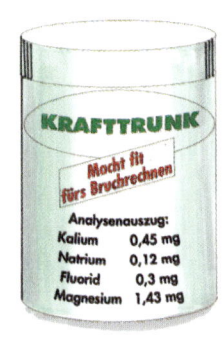

Echter Bruch: Zahl über Bruchstrich kleiner als Zahl unter Bruchstrich

Auf dem Meßbecher findest du als Skala echte Brüche, während im Rezept ein gemischter Bruch vorkommt. Dezimalbrüche, also Zahlen mit einem Komma, befinden sich auf der Dose.
Brüche wie $\frac{5}{2}$, bei denen die Zahl über dem Bruchstrich größer ist als die unter dem Bruchstrich, sind unechte Brüche.

Unechter Bruch: Zahl über Bruchstrich größer als Zahl unter Bruchstrich

■ Übung zu den Bruchschreibweisen ■

Gemischter Bruch: ganze Zahl + echter Bruch

Um den Blick für die **vier Arten** von Brüchen zu schärfen, kannst du die nachfolgende Tabelle durch Ankreuzen ausfüllen. Für jeden Bruch ist nur eine Antwort richtig.

Dezimalbruch: „Kommazahl" ohne Bruchstrich

	2,25	$\frac{11}{4}$	$2\frac{3}{4}$	$3\frac{1}{3}$	$\frac{7}{8}$	0,25	$\frac{2}{3}$
echter Bruch	☐	☐	☐	☐	☐	☐	☐
unechter Bruch	☐	☐	☐	☐	☐	☐	☐
gemischter Bruch	☐	☐	☐	☐	☐	☐	☐
Dezimalbruch	☐	☐	☐	☐	☐	☐	☐

Brüche im Alltag
GRUNDBEGRIFFE

Wiederholung mathematischer Begriffe

Auch Brüche können addiert, subtrahiert, multipliziert und dividiert werden. Vielleicht hast du noch manchmal Probleme mit diesen mathematischen Begriffen. MacCool erklärt sie dir.

Falls du noch nicht weißt, wie die Ergebnisse bei den einzelnen Rechenarten zustande kommen, ist dies kein Beinbruch. Wichtig ist momentan nur, daß du die Begriffe vom Rechnen mit natürlichen Zahlen auch auf das Rechnen mit Brüchen anwenden kannst.

Grundrechenarten (+, −, ·, :)

Addition:		2	+	$\frac{3}{4}$	=	$2\frac{3}{4}$
		1. Summand	+	2. Summand	=	Summe
Subtraktion:		$2\frac{3}{4}$	−	$\frac{3}{4}$	=	2
		Minuend	−	Subtrahend	=	Differenz
Multiplikation:		$\frac{1}{2}$	·	$\frac{3}{4}$	=	$\frac{3}{8}$
		1. Faktor	·	2. Faktor	=	Produkt
Division:		$\frac{3}{8}$	:	$\frac{3}{4}$	=	$\frac{1}{2}$
		Dividend	:	Divisor	=	Quotient

Grundrechenarten

Quotient (auch: Bruch, Verhältnis, Anteil)

Du kannst hier nachschauen, falls du bei einer (Haus-)Aufgabe die Begriffe nicht mehr genau weißt. Vor dem Rechnen mit Brüchen und den dazugehörenden Begriffen brauchst du jetzt keine Angst mehr zu haben.

Addition, Subtraktion: „Strichrechnung"; Multiplikation, Division: „Punktrechnung".

Zusammenfassung

echter Bruch: $\frac{3}{4}$	unechter Bruch: $\frac{11}{4}$	
gemischter Bruch: $2\frac{3}{4}$	Dezimalbruch: 2,75	
Addition: +	Ergebnis der Addition:	**Summe**
Subtraktion: −	Ergebnis der Subtraktion:	**Differenz**
Multiplikation: ·	Ergebnis der Multiplikation:	**Produkt**
Division: :	Ergebnis der Division:	**Quotient** / **Bruch** / **Verhältnis** / **Anteil**

Inhalt des Buches

1. Kapitel	Das Buch gliedert sich inhaltlich in **vier Kapitel** auf. Beginnend mit einigem Grundwissen und mit **Grundbegriffen**, wird nach den **Teilerregeln** das **Kürzen** und **Erweitern** von Brüchen geübt. Mit der Umwandlung von Brüchen und einer Übersicht der **Regeln** schließt das 1. Kapitel ab.
2. Kapitel	Nach der **Multiplikation** und **Division** von Brüchen untereinander und mit einer Zahl folgt die **Addition** und **Subtraktion**. Die Verbindung der vier Grundrechenarten erfolgt bei **Brüchen in Termen**. Nach einer Übersicht der **Regeln** und weiteren Übungen gelangst du im 3. Kapitel zu den Dezimalbrüchen.
3. Kapitel	Im 3. Kapitel dreht sich also alles um das **Komma**. **Umwandlung** in Dezimalbrüche und wiederum die **Rechnung** mit Addition, Subtraktion, Multiplikation und Division bilden den Anfang. Die **periodischen Dezimalbrüche** wirst du noch vor dem **Ordnen** und **Runden** finden. Alltägliches ist dann für dich im **Rechnen mit Einheiten**, also mit Längen, Flächen und Rauminhalten, enthalten. Daß danach eine Übersicht der **Regeln** und weitere Übungen folgen, ist jetzt nicht mehr neu.
4. Kapitel	Weiter im Text geht es mit **Textaufgaben**, zumindest in einer Einführung. Hier werden die wichtigsten **Tricks** für Textaufgaben mit Brüchen besprochen. Selbstverständlich können die Tricks in den **Übungen** noch vertieft werden.
Lösungsteil	In jedem Kapitel sind also **Übungsmöglichkeiten** enthalten. Zur Selbstkontrolle findest du am Ende des Buches einen **ausführlichen Lösungsteil** mit Hinweis auf Seite und Aufgabe. Der Lösungsteil ist bewußt ausführlich gehalten, damit du die Rechenwege nachvollziehen kannst.

Selber rechnen macht schlau!

Brüche im Alltag
HINWEISE

Wie dir das Buch weiterhilft

Du hast auf der vorhergehenden Seite bereits die Gliederung des Buches kennengelernt.
Links und rechts neben dem Text findest du immer wieder Hinweise und Tips. **Zwischenüberschriften** helfen bei der Gliederung des Kapitels, das du dir gerade anschaust. Durch die **verschiedenfarbige Unterlegung** des Textes erkennst du auch inhaltlich unterschiedliche Bereiche (Erklärungen, Übungen und Regeln).
Außerdem begleitet dich MacCool, der dir zeigt, auf welche Dinge du achtgeben solltest. Im Text findest du schließlich noch **Hervorhebungen**, die die Lesbarkeit unterstützen.

**Tip:
Schau an den Rand!**

Die wichtigsten Bausteine einer Doppelseite

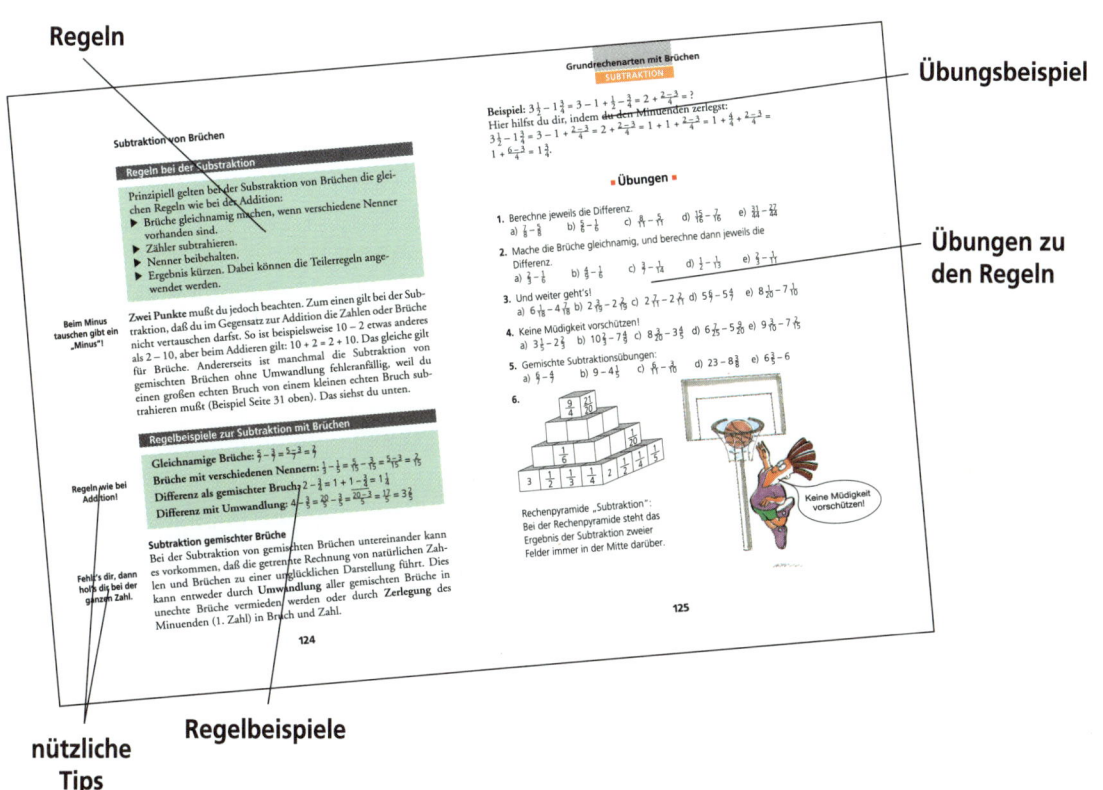

- Regeln
- Übungsbeispiel
- Übungen zu den Regeln
- Regelbeispiele
- nützliche Tips

BRÜCHE MIT GRIPS
Bestandteile von Brüchen

Echter Bruch:
3 ←Zähler
— ←Bruchstrich
4 ←Nenner

Unechter Bruch:
11←Zähler
— ←Bruchstrich
4 ←Nenner

Ein **echter** und ein **unechter Bruch** besteht aus einer Zahl oberhalb des **Bruchstrichs (Zähler)** und einer Zahl unterhalb davon (**Nenner**).

Gewinnung echter Brüche
Eine Pizza soll in **gleich große Stücke** aufgeteilt werden. Dabei ist wichtig, welche Größe die Stücke haben sollen. Möchtest du beispielsweise die Pizza in vier gleich große Stücke aufteilen, so stellt ein Stück genau $\frac{1}{4}$ der Pizza dar.

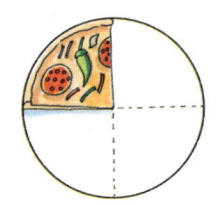

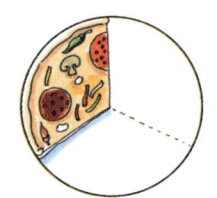

Das Ganze, also die ganze Pizza, wurde in 4 gleich große Stücke geteilt. Die Zahl 4 ergibt hier den **Nenner**. Der Nenner beinhaltet immer die Größe der Stücke, in die ein Ganzes geteilt wird.

Ißt du 1 Stück davon, so hast du $\frac{1}{4}$ der Pizza gegessen. Die Zahl 1 steht im Zähler. Der **Zähler** gibt somit die Anzahl der in Frage kommenden Stücke an.

Du kannst die Pizza natürlich auch in 3 gleich große Stücke aufteilen. Ißt du davon 1 Stück, dann hast du $\frac{1}{3}$ der Pizza verspeist und bekommst bald Magenschmerzen.

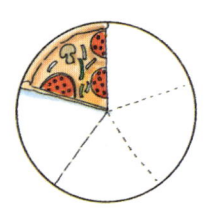

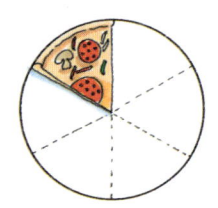

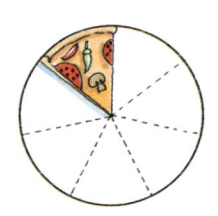

Teilst du die Pizza jedoch in 5 oder 6 oder 7 oder … gleich große Stücke und nimmst jeweils 1 Stück, so gelangst du zu den Brüchen $\frac{1}{5}$ oder $\frac{1}{6}$ oder $\frac{1}{7}$ oder …

Bestandteile von Brüchen
BRUCHTEILE

Je größer der Nenner ist, desto kleiner ist das einzelne Pizzastück. Es gilt also: Je **größer** der **Nenner**, desto **kleiner** ist der **Wert des Bruchs** bei gleichem Zähler (hier 1) und umgekehrt.

Große Nenner verhindern Magenschmerzen.

Vielfache von Brüchen

Hast du beispielsweise 3 Stück der in Viertel ($\frac{1}{4}$) geteilten Pizza gegessen, so sind das $\frac{3}{4}$ der ganzen Pizza. $\frac{3}{4}$ ist das Dreifache von $\frac{1}{4}$. Mehr als 1 Stück der in gleich große Teile geschnittenen Pizza bilden demnach ein Vielfaches eines Bruchs.

Wie du bereits weißt, gibt der Zähler die Anzahl der in Frage kommenden Stücke an. Der Nenner sagt dir, in wie viele Teile das Ganze überhaupt aufgeteilt wurde.

Große Zähler verursachen Magenschmerzen.

▪ Übungen ▪

Bei diesen Übungen kannst du nun selber Brüche herstellen.

1. Lies die Füllmenge ab.
   a) [1]   b) [ ]   c) [ ]   d) [ ]

2. Du darfst dir ein Stück nehmen. Wie heißt der Bruch?
   a) [1]   b) [ ]   c) [ ]   d) [ ]

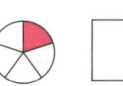

3. Jetzt geht es um mehr Stücke. Bilde die Brüche.
   a) [ ]   b) [ ]   c) [ ]

Gemischte Brüche

Nachdem du nun weißt, wie echte Brüche hergestellt werden, lernst du die **gemischte Bruchschreibweise** kennen. Bei der gemischten Bruchschreibweise liegt immer eine **natürliche Zahl** in Verbindung mit einem **echten Bruch** vor. $2\frac{3}{4}$ ist ein gemischter Bruch:

natürliche Zahl → 2 $\frac{3}{4}$ ← echter Bruch

Umwandlung eines unechten Bruchs in einen gemischten Bruch

Zähler größer als Nenner?

Zähler durch Nenner

Ein Bruch kann nur in einen gemischten Bruch umgewandelt werden, wenn der **Zähler größer** ist als der **Nenner**. Ist dies der Fall, so ist im Wert des gemischten Bruchs **mindestens ein Ganzes** enthalten. Ein unechter Bruch wird als gemischter Bruch umgewandelt, indem zuerst die **Anzahl der Ganzen** bestimmt und anschließend der **Rest als echter Bruch** hinzugefügt wird. Als Beispiel dient der Bruch $\frac{11}{4} = 2\frac{3}{4}$:

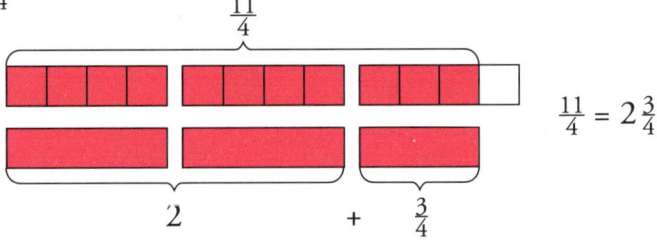

$$\frac{11}{4} = 2\frac{3}{4}$$

Wert bleibt erhalten

Rest ergibt Zähler; Nenner bleibt

Der **Wert des Bruchs** ändert sich durch die Umwandlung nicht. Zur Umwandlung bestimmst du, wie oft der Nenner im Zähler enthalten ist. Dies ergibt die natürliche Zahl. Der Rest bildet den Zähler. Der Nenner bleibt erhalten.

Umwandlung eines gemischten Bruchs in einen unechten Bruch

Hier wird der umgekehrte Weg beschritten. Die natürliche Zahl wird mit dem Nenner multipliziert und anschließend der Zähler hinzugefügt. Der Nenner bleibt erhalten:

$$2\frac{3}{4} \rightarrow \frac{8+3}{4} = \frac{11}{4}$$

$$2 \cdot 4 = 8$$

Bestandteile von Brüchen
UMWANDLUNGEN

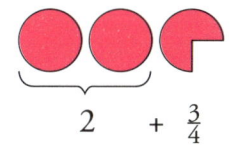

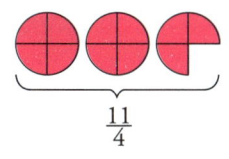

$$2 + \frac{3}{4} \qquad \frac{11}{4}$$

Ein gemischter Bruch ist eigentlich nichts anderes als eine **Summe** aus einer **natürlichen Zahl** und einem **echten Bruch**.
Die Umwandlung läßt sich auch als Summe zweier Brüche darstellen:

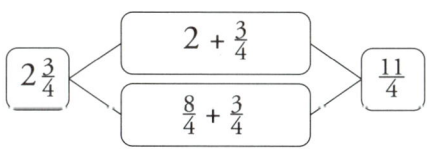

$$2\frac{3}{4} \longleftrightarrow \begin{array}{c} 2 + \frac{3}{4} \\ \frac{8}{4} + \frac{3}{4} \end{array} \longleftrightarrow \frac{11}{4}$$

▪ Übungen ▪

1. Schraffiere zu den folgenden Brüchen die zugehörigen Flächen:
a) $\frac{4}{4}$ b) $\frac{6}{4}$ c) $\frac{7}{4}$ d) $\frac{8}{4}$

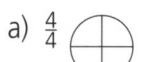

2. Wie heißen die unechten Brüche? Wandle das jeweilige Ergebnis auch in einen gemischten Bruch um.
a)   b)   c)

3. Welche der folgenden Brüche kannst du in die gemischte Bruchschreibweise umwandeln? Markiere sie farbig.

$\frac{2}{3}$ $\frac{7}{4}$ $\frac{15}{16}$ $\frac{9}{7}$ $\frac{3}{2}$ $\frac{7}{9}$ $\frac{5}{5}$ $\frac{13}{12}$ $\frac{7}{7}$ $\frac{5}{12}$

4. Welche Brüche lassen sich umwandeln?
Kreuze die richtigen Lösungen an. Nur eine Antwort ist jeweils richtig.

	gemischter Bruch	natürliche Zahl
$\frac{7}{6}$	☐	☐
$\frac{25}{5}$	☐	☐
$\frac{9}{3}$	☐	☐
$\frac{5}{4}$	☐	☐
$\frac{125}{25}$	☐	☐

Dicke Kumpel: Teiler und Partnerteiler

Teiler, Partnerteiler und Primzahlen

Du weißt, daß die Zahl 12 in 4 gleich große Teile aufgeteilt werden kann, ohne daß ein Rest übrigbleibt. 12 ist also durch 4 ohne Rest teilbar. Damit ist die Zahl 4 **Teiler** von 12.

Ein Teiler einer Zahl ist immer ohne Rest in der Zahl enthalten. Die Division der Zahl durch den Teiler ist ohne Rest, wie beispielsweise 12 : 4 = 3. Das Ergebnis der Divisionsaufgabe ist der **Partnerteiler** des Teilers. Im Beispiel ist 3 der Partnerteiler von 4.

Eine Zahl besitzt mindestens ein Paar von Teiler und Partnerteiler.

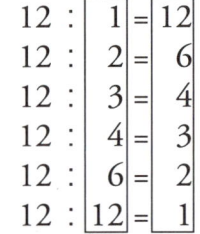

$$12 : 1 = 12$$
$$12 : 2 = 6$$
$$12 : 3 = 4$$
$$12 : 4 = 3$$
$$12 : 6 = 2$$
$$12 : 12 = 1$$

$T_{12} = \{1; 2; 3; 4; 6; 12\}$

Findest du zu einer Zahl nur den Teiler 1, dann ist der Partnerteiler die Zahl selber. In diesem Fall hast du eine **Primzahl** vor dir. Eine Primzahl hat somit nur ein Paar von Teiler und Partnerteiler. Zahlen mit mehr als einem Paar sind keine Primzahlen. **Gerade Zahlen** (ohne die 2) können also **keine Primzahlen** sein.

Primzahlen: nur durch 1 und sich selbst teilbar

Primzahlen sind: 2, 3, 5, 7, 11, 13, 17, 19, 23, 29, 31 ...

Einzeln geht's besser!

Allgemeine Teilermethode

Für die Überprüfung, ob eine Zahl einen bestimmten Teiler hat, zerlegst du die Zahl in eine **Summe**, und zwar so, daß der **1. Summand** durch den Teiler teilbar ist. Ist der Teiler dann auch im **2. Summanden** ohne Rest enthalten, so ist die Zahl durch den Teiler teilbar.

Schema	Beispiel: Ist 329 durch 7 teilbar?
1. Schritt: Zerlege die Zahl so in eine Summe, daß der 1. Summand durch den Teiler teilbar ist.	329 = 280 + 49 280 : 7 = 40
2. Schritt: Überprüfe, ob der Teiler auch im 2. Summanden ohne Rest enthalten ist.	49 : 7 = 7 kein Rest 329 ist durch 7 teilbar.

Bestandteile von Brüchen
TEILERREGELN

Arten von Teilerregeln

Neben der allgemeinen Methode zur Teilerbestimmung gibt es noch eine Anzahl von Teilerregeln. Du wirst hier die wichtigsten Teilerregeln finden. Dabei wird zwischen **Endstellenregeln**, bei denen du die Endziffern einer Zahl beachten mußt, und der **Quersummenregel**, bei der du die Summe aller Ziffern der Zahl bilden mußt, unterschieden.

Endstellenregeln für 2, 5 und 10

Eine Zahl ist teilbar durch
- 2, wenn die letzte Ziffer 0, 2, 4, 6 oder 8 ist.
- 5, wenn die letzte Ziffer 0 oder 5 ist.
- 10, wenn die letzte Ziffer 0 ist.

Schau die letzte Ziffer an!

Endstellenregeln für 4 und 25

Eine Zahl ist teilbar durch
- 4, wenn die Zahl aus den beiden letzten Ziffern durch 4 teilbar ist.
- 25, wenn die Zahl aus den beiden letzten Ziffern durch 25 teilbar ist.

Die beiden letzten Ziffern bilden eine Zahl!

Quersummenregeln für 3 und 9

Eine Zahl ist teilbar durch
- 3, wenn ihre Quersumme durch 3 teilbar ist.
- 9, wenn ihre Quersumme durch 9 teilbar ist.

Quersumme: Alle Ziffern addieren!

Die Zahl 900 hat die Teiler 2, 3, 4, 5, 9, 10 und 25, denn
- die letzte Ziffer ist 0 (Teilerregel für 2, 5 und 10).
- die letzten beiden Ziffern ergeben 00 (Teilerregel für 4 und 25).
- die Quersumme (9 + 0 + 0) ist durch 3 oder durch 9 teilbar (Teilerregel für 3 und 9).

Oben und unten teilen!

Kürzen von Brüchen

Das **Kürzen** erfolgt dadurch, daß du den Zähler und Nenner eines Bruchs mit derselben natürlichen Zahl, außer der 0, teilst. Beim Kürzen bleibt der Wert des Bruchs erhalten.

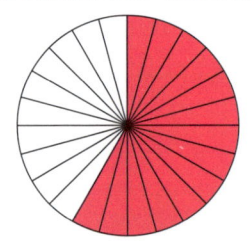

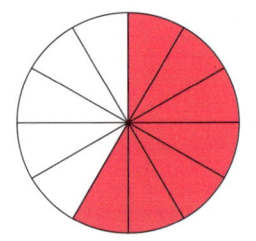

Statt $\frac{14}{24}$ des Kuchens zu essen, kannst du auch $\frac{7}{12}$ verspeisen. Beide Male kann dies zu den gleichen Magenschmerzen führen.

Du weißt, daß $\frac{14}{24}$ eines Kuchens 14 Teile des in 24 Stücke aufgeteilten Kuchens sind. Statt dessen könntest du auch halb so viele Teile eines in nur halb soviel Stücke zerlegten Kuchens nehmen. Du hast also **Zähler** und **Nenner** des Bruchs halbiert, ohne daß der Wert geändert wurde.

Der Wert bleibt erhalten.

Wichtig ist, daß die natürliche Zahl den Zähler und den Nenner ohne Rest teilt, sonst ist dies nicht die richtige **Kürzungszahl**. Die Kürzungszahl in diesem Beispiel ist 2.

Mit Kürzungszahl teilen!

Schreibweisen beim Kürzen

Beim Kürzen kannst du drei verschiedene **Schreibweisen** anwenden. Das Ergebnis ist immer gleich. Beispiel $\frac{14}{24}$:

▶ $\frac{14^{\,7}}{24_{\,12}} = \frac{7}{12}$

▶ $\frac{14}{24} \overset{2}{=} \frac{7}{12}$

▶ $\frac{14}{24} = \frac{14 : 2}{24 : 2} = \frac{7}{12}$

Beim Kürzen wird dividiert.

Bestandteile von Brüchen
KÜRZEN

Kürzen gemischter Brüche

Gemischte Brüche kannst du kürzen, ohne daß du sie vorher in unechte Brüche umwandeln mußt. Ein gemischter Bruch wird gekürzt, indem du den Bruchanteil kürzst und die ganze Zahl beibehältst.

$$3\frac{8}{12} = 3\frac{2}{3}$$

Die Rechenschritte, die dahinterstecken, sehen so aus:

$$3\frac{8}{12} = \frac{44}{12} = \frac{11}{3} = 3\frac{2}{3}$$

■ Übungen zum Kürzen ■

1. Du siehst gekürzte Brüche. Färbe dazu die entsprechenden Teile.

a) $\frac{14}{28} = \frac{7}{14}$ b) $\frac{10}{12} = \frac{5}{6}$ c) $\frac{4}{10} = \frac{2}{5}$

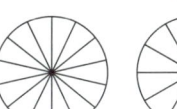

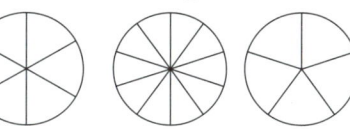

2. Kürze mit 3:

a) $\frac{3}{6}$ b) $\frac{6}{15}$ c) $\frac{6}{27}$ d) $\frac{12}{39}$

3. Mit welcher Zahl wurde hier gekürzt? Trage sie in dein Heft ein:

a) $\frac{8}{14} = \frac{4}{7}$ b) $\frac{9}{27} = \frac{1}{3}$ c) $\frac{25}{100} = \frac{1}{4}$ d) $\frac{35}{56} = \frac{5}{8}$

e) $\frac{10}{15} = \frac{2}{3}$ f) $\frac{12}{18} = \frac{2}{3}$ g) $\frac{14}{18} = \frac{7}{9}$ h) $\frac{12}{48} = \frac{1}{4}$

Teilerregeln helfen beim Finden der Kürzungszahl.

4. Ergänze die fehlenden Angaben:

a) $\frac{24}{40} = \frac{\square}{5}$ b) $\frac{16}{18} = \frac{\square}{9}$ c) $\frac{9}{72} = \frac{\square}{8}$ d) $\frac{24}{56} = \frac{\square}{7}$

Oben und unten malnehmen!

Der Wert bleibt erhalten.

Erweitern von Brüchen

Während du beim Kürzen Zähler und Nenner mit der Kürzungszahl dividierst, multiplizierst du beim **Erweitern** den Zähler und Nenner eines Bruchs mit derselben natürlichen Zahl. Auch hier ist die Zahl 0 ausgenommen. Ebenso wie beim Kürzen bleibt der Wert des Bruchs erhalten.

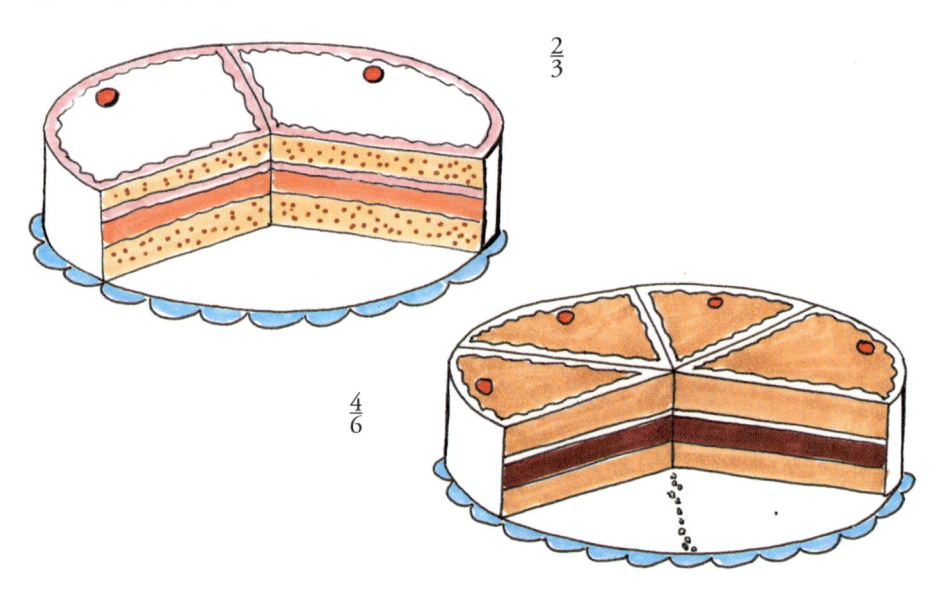

$\frac{2}{3}$

$\frac{4}{6}$

Der Anteil des Kuchens ist stets gleichgeblieben. Hast du doppelt so viele Teile, so wurde der Kuchen in doppelt so viele Stücke geteilt. Der **Zähler** und der **Nenner** wurden verdoppelt, ohne daß der Wert geändert wurde.

Mit Erweiterungszahl malnehmen!

Wie beim Kürzen ist es auch hier wichtig, daß du den Zähler und Nenner gleichbehandelst. Du mußt beide mit der **Erweiterungszahl** multiplizieren. Die Erweiterungszahl im Beispiel ist 2.

Schreibweisen beim Erweitern

Ähnlich wie beim Kürzen kannst du unterschiedliche **Schreibweisen** anwenden. Dabei bleibt das Ergebnis gleich. Ein Beispiel verdeutlicht dies:

▶ $\frac{2}{3} \stackrel{2}{=} \frac{4}{6}$

Beim Erweitern wird multipliziert.

▶ $\frac{2}{3} = \frac{2 \cdot 2}{3 \cdot 2} = \frac{4}{6}$

Bestandteile von Brüchen
ERWEITERN

Erweitern gemischter Brüche
Gemischte Brüche kannst du ebenfalls erweitern, ohne daß sie vorher in unechte Brüche umzuwandeln sind. Ein gemischter Bruch wird erweitert, indem du den Bruch erweiterst und die Ganzen beibehältst:

$$3\frac{4}{5} \stackrel{6}{=} 3\frac{24}{30}$$

Die Rechenschritte, die dahinterstecken, sehen so aus:
$$3\frac{4}{5} = \frac{19}{5} \stackrel{6}{=} \frac{114}{30} = 3\frac{24}{30}$$

■ Übungen zum Erweitern ■

1. Hier sind Brüche erweitert worden. Zeichne dazu jeden erweiterten Bruchteil ein.

a) $\frac{1}{2} \stackrel{2}{=} \frac{2}{4}$

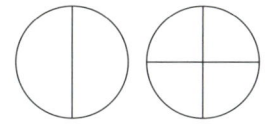

b) $\frac{2}{5} \stackrel{2}{=} \frac{4}{10}$

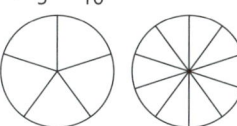

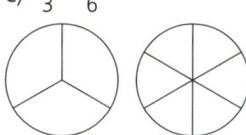

c) $\frac{2}{3} \stackrel{2}{=} \frac{4}{6}$

d) $\frac{5}{12} \stackrel{2}{=} \frac{10}{24}$

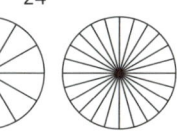

2. Erweitere mit 5:
a) $\frac{7}{9} \stackrel{5}{=}$ b) $\frac{8}{25} \stackrel{5}{=}$ c) $\frac{5}{13} \stackrel{5}{=}$ d) $\frac{4}{21} \stackrel{5}{=}$

Oben und unten mit derselben Zahl malnehmen!

3. Mit welcher Zahl wurde erweitert? Trage sie ein:
a) $\frac{7}{50} \stackrel{\square}{=} \frac{14}{100}$ b) $\frac{6}{7} \stackrel{\square}{=} \frac{24}{28}$ c) $\frac{5}{8} \stackrel{\square}{=} \frac{30}{48}$ d) $\frac{1}{35} \stackrel{\square}{=} \frac{3}{105}$

4. Trage die fehlenden Zahlen ein:
a) $\frac{4}{9} \stackrel{\square}{=} \frac{}{36}$ b) $\frac{5}{8} \stackrel{\square}{=} \frac{}{72}$ c) $\frac{6}{17} \stackrel{\square}{=} \frac{}{153}$ d) $\frac{9}{25} \stackrel{\square}{=} \frac{81}{}$

Uff! Das war doch gar nicht so schwer!?!?

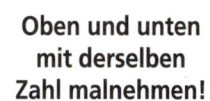

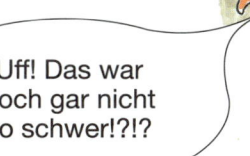

Ordnen von Zahlen und Brüchen

Auf dem Zahlenstrahl hat alles seine Ordnung.

Wie jede natürliche Zahl sich auf dem **Zahlenstrahl** in eine **Reihenfolge** nach dem Wert der Zahl einordnen läßt, so lassen sich auch die Brüche auf einem Zahlenstrahl einordnen. Die Abstände werden dazu zwischen den natürlichen Zahlen weiter unterteilt.

Ordnen durch Nennergleichheit

Unten gleich, oben zählt's!

Du kannst Brüche am einfachsten vergleichen, wenn die Nenner der Brüche gleich sind (**Nennergleichheit**). Die Brüche sind dann nach Größe der Zähler wie bei natürlichen Zahlen zu sortieren. Erhältst du beispielsweise auf einer Geburtstagsparty $\frac{3}{5}$ des Kuchens, so hast du mehr zu essen, als wenn du nur $\frac{2}{5}$ bekommen hättest. 3 ist größer als 2.

$$\frac{3}{5} > \frac{2}{5}$$

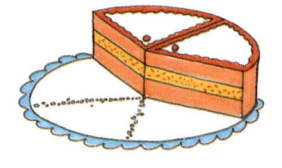

Ordnen bei Zählergleichheit

Oben gleich, unten entscheidend!

Liegen Brüche mit gleichem Zähler vor, so entscheidet der Nenner über die Reihenfolge der Brüche. Je größer der Nenner, desto kleiner ist dann der Wert (die Größe) des Bruchs.

Beispiel: Der Wert des Bruchs $\frac{2}{7}$ ist kleiner als der Wert des Bruchs $\frac{2}{5}$.

$$\frac{2}{7} < \frac{2}{5}$$

Einordnen auf dem Zahlenstrahl

Die obigen Beispiele lassen sich also auf dem **Zahlenstrahl** einordnen:

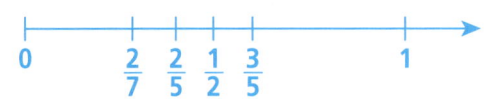

Bestandteile von Brüchen
ORDNEN

Größenvergleich bei beliebigen Brüchen
Den Vergleich von Brüchen kannst du mittels Nenner- oder Zählergleichheit bewerkstelligen. Liegt keine Zähler- oder Nennergleichheit vor, benutzt du die Technik des Erweiterns, manchmal auch die Technik des Kürzens. Sehr oft ist es günstig, wenn du die Brüche gleichnamig machst, also die Nennergleichheit herstellst.

Der Wert bleibt erhalten.

Ordnen gemischter Brüche
Gemischte Brüche kannst du ordnen, indem du zuerst nach den ganzen Zahlen sortierst. Anschließend sortierst du nach den Bruchanteilen.

■ Übungen ■

1. Beschrifte die restlichen Striche auf dem Zahlenstrahl.

a) [Zahlenstrahl mit 0, $\frac{5}{8}$, 1]

b) [Zahlenstrahl mit 0, $\frac{1}{9}$, 1]

Kürzen nicht vergessen!

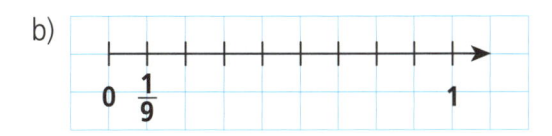

2. Setze jeweils das richtige Zeichen ein (< oder >).
a) $\frac{1}{2} \square \frac{3}{2}$ b) $\frac{4}{5} \square \frac{6}{5}$ c) $\frac{7}{8} \square \frac{3}{8}$ d) $\frac{11}{20} \square \frac{7}{20}$ e) $\frac{7}{51} \square \frac{6}{51}$

3. Kreuze jeweils an, ob die Aussagen wahr oder falsch sind.

	w	f
a) $\frac{5}{7} > \frac{6}{7}$	☐	☐
b) $\frac{10}{21} < \frac{5}{21}$	☐	☐
c) $\frac{27}{32} > \frac{28}{32}$	☐	☐
d) $\frac{45}{47} < \frac{46}{47}$	☐	☐

Hab' ich die Magenschmerzen jetzt vom vielen Kuchen oder von den Übungen?

4. Setze jeweils das richtige Zeichen ein (< oder >).
a) $\frac{2}{7} \square \frac{2}{5}$ b) $\frac{3}{10} \square \frac{3}{13}$ c) $\frac{7}{17} \square \frac{7}{22}$ d) $\frac{13}{31} \square \frac{13}{25}$ e) $\frac{47}{105} \square \frac{47}{98}$

Regeln im Überblick

Ein Bruch besteht aus **Zähler, Bruchstrich** und **Nenner**.

Umwandlung von Brüchen

Ein **gemischter Bruch** ist die Summe aus einer natürlichen Zahl und einem Bruch.

$$2\tfrac{3}{4} = 2 + \tfrac{3}{4}$$

Bei der **Umwandlung** eines unechten Bruchs in einen gemischten Bruch muß der Zähler größer als der Nenner sein.

$$\tfrac{11}{4} = 2\tfrac{3}{4}$$

Teiler, Partnerteiler, Primzahlen und Teilerregeln

Eine Zahl läßt sich in **Teiler** und **Partnerteiler** zerlegen.
Beispiel:

$$\text{Teiler und Partnerteiler von 12: }\{1;\ 2;\ 3;\ 4;\ 6;\ 12\}$$

Primzahlen sind Zahlen, die nur durch 1 und sich selber teilbar sind, zum Beispiel 5; 7; 11; 13; 17 …

Allgemeine Teilermethode: Zerlegung der Zahl in eine „günstige" Summe mit Prüfung der einzelnen Summanden auf Teilbarkeit.

Die wichtigsten **Endstellenregeln** sind:
Eine Zahl ist teilbar durch
- **2**, wenn die letzte Ziffer 0, 2, 4, 6 oder 8 ist.
- **5**, wenn die letzte Ziffer 0 oder 5 ist.
- **10**, wenn die letzte Ziffer 0 ist.

Eine Zahl ist teilbar durch
- **4**, wenn die Zahl aus den beiden letzten Ziffern durch 4 teilbar ist.
- **25**, wenn die Zahl aus den beiden letzten Ziffern durch 25 teilbar ist.

Bestandteile von Brüchen
REGELN

Die **Quersummenregeln** lauten (**Quersumme** = Summe aller Ziffern):
Eine Zahl ist teilbar durch
- 3, wenn ihre Quersumme durch 3 teilbar ist.
- 9, wenn ihre Quersumme durch 9 teilbar ist.

Durch 0 nie teilen, mit 0 nie erweitern oder kürzen.
Aber: **0 geteilt durch** eine **beliebige Zahl** ergibt 0.

Kürzen und Erweitern

Ein **Bruch** wird **gekürzt**, indem Zähler und Nenner jeweils durch die Kürzungszahl geteilt werden.

$$\frac{22}{8} \stackrel{2}{=} \frac{11}{4}$$

Ein **gemischter Bruch** wird **gekürzt**, indem du den echten Bruch kürzt und die natürliche Zahl beibehältst.

$$2\frac{6}{8} = 2\frac{3}{4}$$

Ein **Bruch** wird **erweitert**, indem Zähler und Nenner jeweils mit der Erweiterungszahl malgenommen werden.

$$\frac{7}{12} \stackrel{2}{=} \frac{14}{24}$$

Ein **gemischter Bruch** wird **erweitert**, indem du den echten Bruch erweiterst und die natürliche Zahl beibehältst.

$$2\frac{3}{4} = 2\frac{6}{8}$$

Ordnen und Vergleichen von Brüchen

Brüche können nur bei Zähler- oder Nennergleichheit verglichen werden.
Bei **Zählergleichheit** gilt: Je größer der Nenner, desto kleiner der Wert des Bruchs.

$$\frac{4}{7} < \frac{4}{5}$$

Bei **gleichnamigen Brüchen** gilt: Je größer der Zähler, desto größer der Wert des Bruchs.

$$\frac{4}{5} < \frac{6}{5}$$

BRUCHRECHNEN – KEIN PROBLEM
Grundrechenarten mit Brüchen

Das Umwandeln gemischter Brüche in unechte Brüche erspart dir mögliche Fehler beim Ausrechnen. Dies gilt für alle Rechenarten (Multiplikation, Division, Addition, Subtraktion).

Multiplikation von Brüchen

Die Multiplikation von Brüchen kannst du dir so vorstellen, daß von einem Bruch ein Bruchteil weggenommen wird. Dieser Bruchteil kann anschließend noch vervielfacht werden. Hast du beispielsweise die Hälfte einer Pizza übrig, also $\frac{1}{2}$, und möchtest du $\frac{3}{4}$ davon wegnehmen, so mußt du zunächst die übriggebliebene Pizza, also die Hälfte, in 4 gleiche Teile zerlegen. Anschließend nimmst du 3 Stücke davon weg. Wie groß ist nun insgesamt das weggenommene Teil?

Multiplikation = Bruchteil eines Bruches

$\frac{1}{2}$ Pizza ist übrig. Davon willst du $\frac{3}{4}$ wegnehmen.

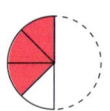

Das sind insgesamt $\frac{3}{8}$ der ganzen Pizza.
Die Rechnung lautet: $\frac{1}{2} \cdot \frac{3}{4} = \frac{3}{8}$

Das Multiplizieren von Brüchen miteinander geschieht also dadurch, daß du die **Zähler miteinander multiplizierst.** Das Ergebnis bildet den Zähler des neuen Bruchs. Ebenso werden die **Nenner miteinander multipliziert,** und das Produkt daraus wird der Nenner des neuen Bruchs. Wenn sich die Brüche untereinander vorher kürzen lassen, so vermeidest du durch das **Kürzen** große Zahlen beim Multiplizieren.

Zähler mal Zähler / Nenner mal Nenner

Vorher kürzen!

So geht's einfacher!

$\frac{8}{15} \cdot \frac{5}{12} = \frac{40}{180} = \frac{2}{9}$

$\frac{\cancel{8}^2}{\cancel{15}_3} \cdot \frac{\cancel{5}^1}{\cancel{12}_3} = \frac{2 \cdot 1}{3 \cdot 3} = \frac{2}{9}$

Grundrechenarten mit Brüchen
MULTIPLIKATION

Multiplikation eines Bruchs mit einer natürlichen Zahl

Wenn du dich daran erinnerst, daß sich jede natürliche Zahl als Bruch schreiben läßt, indem du sie mit dem Nenner 1 versiehst, so kannst du die obige Multiplikationsregel anwenden. Aus 5 wird dann $\frac{5}{1}$. Verkürzt heißt das, daß die **natürliche Zahl** mit dem **Zähler multipliziert** und der **Nenner beibehalten** wird.

Zahl in den Zähler!

$5 \cdot \frac{7}{8} = \frac{5}{1} \cdot \frac{7}{8} = \frac{35}{8}$

■ Übungen ■

1. Multipliziere aus. Kürze, wenn möglich, schon vor dem Ausrechnen:
   a) $\frac{6}{7} \cdot \frac{3}{5} = \square$ b) $\frac{4}{9} \cdot \frac{3}{7} = \square$ c) $\frac{11}{12} \cdot \frac{4}{5} = \square$ d) $\frac{7}{13} \cdot \frac{8}{15} = \square$ e) $\frac{18}{19} \cdot \frac{9}{10} = \square$

2. Rechne möglichst geschickt:
   a) $\frac{4}{15} \cdot \frac{3}{5} = \square$ b) $\frac{7}{8} \cdot \frac{4}{9} = \square$ c) $\frac{18}{19} \cdot \frac{9}{17} = \square$ d) $\frac{20}{27} \cdot \frac{9}{16} = \square$ e) $\frac{1}{25} \cdot \frac{50}{63} = \square$

3. Wandle das Ergebnis in einen gemischten Bruch um:
   a) $6 \cdot \frac{5}{7} = \square$ b) $3 \cdot \frac{8}{9} = \square$ c) $11 \cdot \frac{12}{13} = \square$ d) $\frac{7}{10} \cdot 15 = \square$ e) $\frac{15}{19} \cdot 16 = \square$

Kürzen nur über Kreuz, von oben nach unten oder von unten nach oben.

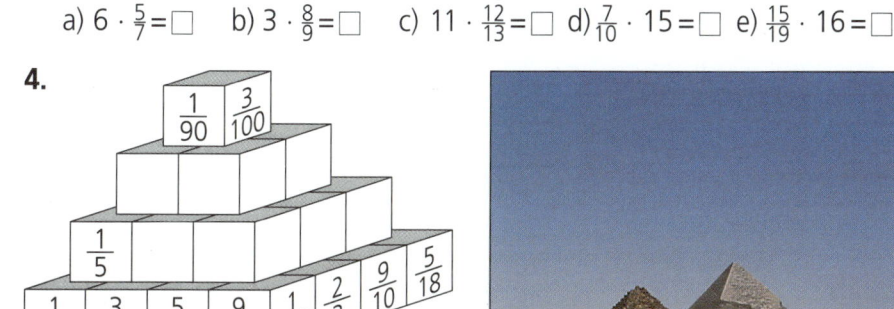

4.

Rechenpyramide „Multiplikation": Bei der Rechenpyramide steht das Ergebnis der Multiplikation zweier Felder immer in der Mitte darüber. Die Ergebnisse kannst du kürzen.

Pyramiden gibt es nicht nur in der Mathematik: Das Foto zeigt die Pyramiden von Giseh in Ägypten

Multiplikation
↕
Division

So geht's einfacher!

Division von Brüchen

Die **Division** ist die **Gegenoperation der Multiplikation**. Dies bedeutet, daß bei der Division umgekehrt vorgegangen wird wie bei der Multiplikation. Im Kapitel *Multiplikation* wolltest du wissen, wieviel $\frac{3}{4}$ der übriggebliebenen halben Pizza ist: $\frac{3}{4} \cdot \frac{1}{2} = \frac{3}{8}$. Es waren also $\frac{3}{8}$ der ganzen Pizza.

Die Division sagt dir, wieviel $\frac{3}{8}$ der ganzen Pizza in bezug auf die Hälfte der Pizza ist. $\frac{3}{8} : \frac{1}{2} = \frac{3}{4}$. Es sind $\frac{3}{4}$ der Hälfte. Wie aber wird diese Aufgabe rechnerisch gelöst?

Bei der Division wird der Teiler (Divisor), hier $\frac{3}{4}$, umgedreht; anschließend wird multipliziert. Es ist also mit dem **Kehrwert** (Kehrbruch, Kehrzahl) des hinteren Bruchs multipliziert worden.

Den Kehrwert eines Bruchs bildest du, indem du Zähler und Nenner vertauschst:

$\frac{3}{8} : \frac{1}{2} = \frac{3}{\cancel{8}_4} \cdot \frac{\cancel{2}^1}{1} = \frac{3}{4}$

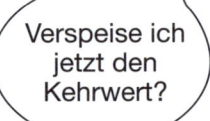

Verspeise ich jetzt den Kehrwert?

Reihenfolge:
Als Produkt mit Kehrwert schreiben!
↓
Kürzen!
↓
Ergebnis berechnen!

Teile und kürze!

Regel für die Division

Die Regel für die Division lautet: Brüche werden dividiert, indem der 1. Bruch mit dem Kehrwert des 2. Bruchs multipliziert wird. Ein Bruch wird also durch einen Bruch geteilt, indem der teilende Bruch (Divisor) als Kehrwert multipliziert wird.

Kürzen bei der Division

Auch bei der Division mit einem Bruch kannst du kürzen. Dies machst du sicher und gekonnt, nachdem du die Rechnung in eine Multiplikation umgewandelt hast. Dann kannst du wie gewohnt kürzen und das Ergebnis berechnen. In der vorher genannten Rechnung wurde dies bereits getan.

Grundrechenarten mit Brüchen
DIVISION

Division mit gemischten Brüchen

Mit gemischten Brüchen kannst du sehr schlecht teilen. Daher mußt du zunächst die gemischten Brüche in **unechte Brüche** umwandeln. Anschließend läßt sich die Division leicht durchführen. Wenn es die Aufgabe fordert, kannst du das Ergebnis wieder in einen gemischten Bruch umwandeln.

Rechne nicht mit gemischten Brüchen!

Division eines Bruchs mit einer natürlichen Zahl

Ähnlich der Multiplikation kannst du die **natürliche Zahl** wieder als Bruch umwandeln. Anschließend kannst du mit dem Kehrwert multiplizieren. Dabei wirst du feststellen, daß sich die Rechnung verkürzen läßt, indem du den Nenner mit der natürlichen Zahl multiplizierst.

Zahl in den Nenner!

■ Übungen ■

1. Berechne:
 a) $\frac{6}{7} : 2$ b) $\frac{8}{11} : 3$ c) $\frac{14}{15} : 7$ d) $\frac{10}{11} : 5$ e) $\frac{9}{13} : 9$

2. Berechne möglichst einfach:
 a) $\frac{3}{4} : \frac{9}{10}$ b) $\frac{7}{8} : \frac{7}{16}$ c) $\frac{10}{11} : \frac{20}{33}$ d) $\frac{14}{25} : \frac{42}{75}$ e) $\frac{96}{105} : \frac{12}{35}$

3. Berechne möglichst einfach:
 a) $3\frac{1}{2} : 2\frac{3}{4}$ b) $4\frac{1}{10} : 3\frac{1}{2}$ c) $2\frac{1}{3} : 1\frac{1}{5}$ d) $5\frac{1}{6} : 4\frac{1}{6}$ e) $14\frac{1}{2} : 7\frac{1}{4}$

4. Berechne:
 a) $10 : \frac{5}{2}$ b) $12 : \frac{4}{9}$ c) $15 : \frac{8}{9}$ d) $20 : \frac{10}{11}$ e) $24 : \frac{8}{11}$

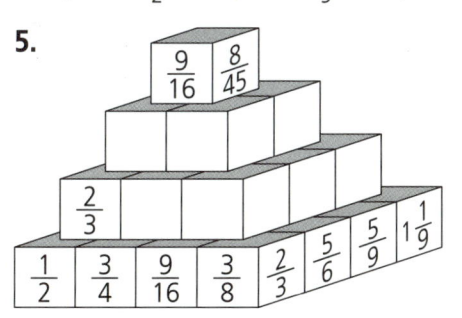

5. Rechenpyramide „Division":
Bei der Rechenpyramide steht das Ergebnis der Division zweier Felder immer in der Mitte darüber. Die Ergebnisse solltest du kürzen.

Pyramide:
- Spitze: $\frac{9}{16}$, $\frac{8}{45}$
- Reihe: $\frac{2}{3}$
- Reihe: $\frac{5}{6}$, $\frac{5}{9}$, $1\frac{1}{9}$
- Basis: $\frac{1}{2}$, $\frac{3}{4}$, $\frac{9}{16}$, $\frac{3}{8}$, $\frac{2}{3}$, $\frac{5}{6}$, $\frac{5}{9}$, $1\frac{1}{9}$

Addition und Subtraktion von Brüchen

Gleiche Nenner!

Die Addition und die Subtraktion gehören zu den sogenannten „**Strichrechnungen**". Diese Rechnungen können nur durchgeführt werden, wenn die Nenner aller Brüche **gleichnamig** sind, also denselben Nenner besitzen.

Addition gleichnamiger Brüche

Nur mit Zähler rechnen!

Das Addieren gleichnamiger Brüche geschieht dadurch, daß du die Zähler addierst und den Nenner beibehältst.

Beispiel: $\frac{2}{7} + \frac{3}{7} = \frac{2+3}{7} = \frac{5}{7}$

$\frac{2}{7} + \frac{3}{7} = \frac{5}{7}$

Addition ungleichnamiger Brüche

Gesucht: Hauptnenner!

Beim Addieren von Brüchen mit verschiedenen Nennern müssen zuerst alle Brüche so erweitert werden, daß sie den gleichen Nenner besitzen (gleichnamig sind). Der gemeinsame Nenner aller Brüche wird **Hauptnenner** genannt. Danach werden wiederum die Zähler addiert und der Hauptnenner beibehalten.

Beispiel: $\frac{1}{3} + \frac{1}{5} = \frac{5}{15} + \frac{3}{15} = \frac{5+3}{15} = \frac{8}{15}$

Bestimmung des Hauptnenners

Über Primzahlen zum Hauptnenner!

Beim Suchen des Hauptnenners nutzt du die **Primfaktorenzerlegung**. Durch sie wird eine Zahl als Produkt ihrer Primzahlen dargestellt. Die einzelnen Primzahlen können dabei mehrfach in beliebiger Reihenfolge vorkommen.

Beispiel: $8 = 2 \cdot 4 = \boxed{2 \cdot 2 \cdot 2}$ $7 = \boxed{7}$ $6 = 2 \cdot \boxed{3}$

Gesucht ist nun der Hauptnenner von $\frac{1}{8} + \frac{1}{7} + \frac{1}{6}$. Jede gefundene Primzahl der einzelnen Nenner muß im Hauptnenner bei der Primfaktorenzerlegung vorkommen. Sie soll aber nicht häufiger genannt werden, als dies bei dem Nenner mit dem höchsten Auftreten dieser Primzahl der Fall ist.

Hauptnenner: $\boxed{2 \cdot 2 \cdot 2 \cdot 3 \cdot 7} = 168$

Rechnung: $\frac{21}{168} + \frac{24}{168} + \frac{28}{168} = \frac{21 + 24 + 28}{168} = \frac{73}{168}$

Grundrechenarten mit Brüchen
ADDITION

Addition eines Bruchs mit einer ganzen Zahl

Hier kannst du **zwei Möglichkeiten** nutzen.

1. Die Summe einer natürlichen Zahl mit einem Bruch kannst du als gemischten Bruch schreiben. **Beispiel:** $2 + \frac{3}{4} = 2\frac{3}{4}$
Dies wurde schon auf Seite 13 beschrieben.

2. Du addierst eine ganze Zahl mit einem Bruch, indem zuerst die natürliche Zahl mit dem Nenner des Bruchs erweitert wird. Anschließend addierst du die beiden Zähler. Der Nenner wird beibehalten. Bei Summen mit mehreren natürlichen Zahlen und mehreren Brüchen kannst du zuerst die ganzen Zahlen und die Brüche getrennt zusammenfassen und anschließend addieren.

Beispiel:
$2 + \frac{1}{5} + 3 + \frac{3}{4} = 2 + 3 + \frac{1}{5} + \frac{3}{4} = 5 + \frac{4+15}{20} = 5 + \frac{19}{20} = 5\frac{19}{20} = \frac{119}{20}$

Addition gemischter Brüche

Die Addition gemischter Brüche geschieht dadurch, daß du die natürlichen Zahlen und die Brüche **getrennt** addierst. Dabei sind die Brüche gegebenenfalls zuerst gleichnamig zu machen. Du erhältst somit wieder einen gemischten Bruch.

Beispiel: $3\frac{1}{2} + 1\frac{3}{8} = 3 + 1 + \frac{1}{2} + \frac{3}{8} = 4 + \frac{4+3}{8} = 4 + \frac{7}{8} = 4\frac{7}{8}$

Bei der Addition gemischter Brüche kann der Zähler des hinzugefügten Bruchs höher sein als der Nenner. Dann wandelst du den Bruch selber wieder in einen gemischten Bruch um und addierst die übriggebliebene natürliche Zahl.

Beispiel:
$2\frac{2}{3} + 6\frac{4}{5} = 2 + 6 + \frac{2}{3} + \frac{4}{5} = 8 + \frac{10+12}{15} = 8 + \frac{22}{15} = 8 + 1\frac{7}{15} = 9\frac{7}{15}$

Ganze Zahlen und Brüche getrennt addieren!

■ Übungen ■

1. Berechne:
   a) $\frac{2}{3} + \frac{4}{3}$ b) $\frac{5}{6} + \frac{7}{6}$ c) $\frac{8}{9} + \frac{11}{9}$ d) $\frac{3}{25} + \frac{6}{25}$ e) $\frac{25}{26} + \frac{31}{26}$ f) $\frac{50}{77} + \frac{76}{77}$

2. Mache die Brüche zuerst gleichnamig. Führe dann die Addition aus.
   a) $\frac{2}{5} + \frac{3}{4}$ b) $\frac{1}{6} + \frac{3}{7}$ c) $\frac{9}{10} + \frac{6}{11}$ d) $\frac{8}{13} + \frac{1}{26}$ e) $\frac{5}{14} + \frac{4}{21}$ f) $\frac{7}{8} + \frac{5}{12}$

Subtraktion von Brüchen

Regeln bei der Substraktion

Prinzipiell gelten bei der Substraktion von Brüchen die gleichen Regeln wie bei der Addition:
- ▶ Brüche gleichnamig machen, wenn verschiedene Nenner vorhanden sind.
- ▶ Zähler subtrahieren.
- ▶ Nenner beibehalten.
- ▶ Ergebnis kürzen. Dabei können die Teilerregeln angewendet werden.

Beim Minus tauschen gibt ein „Minus"!

Zwei Punkte mußt du jedoch beachten. Zum einen gilt bei der Subtraktion, daß du im Gegensatz zur Addition die Zahlen oder Brüche nicht vertauschen darfst. So ist beispielsweise 10 − 2 etwas anderes als 2 − 10, aber beim Addieren gilt: 10 + 2 = 2 + 10. Das gleiche gilt für Brüche. Andererseits ist manchmal die Subtraktion von gemischten Brüchen ohne Umwandlung fehleranfällig, weil du einen großen echten Bruch von einem kleinen echten Bruch subtrahieren mußt (Beispiel Seite 31 oben).

Regelbeispiele zur Subtraktion mit Brüchen

Regeln wie bei Addition!

Gleichnamige Brüche: $\frac{5}{7} - \frac{3}{7} = \frac{5-3}{7} = \frac{2}{7}$

Brüche mit verschiedenen Nennern: $\frac{1}{3} - \frac{1}{5} = \frac{5}{15} - \frac{3}{15} = \frac{5-3}{15} = \frac{2}{15}$

Differenz als gemischter Bruch: $2 - \frac{3}{4} = 1 + \underline{1 - \frac{3}{4}} = 1\frac{1}{4}$

Differenz mit Umwandlung: $4 - \frac{3}{5} = \frac{20}{5} - \frac{3}{5} = \frac{20-3}{5} = \frac{17}{5} = 3\frac{2}{5}$

Subtraktion gemischter Brüche

Fehlt's dir, dann hol's dir bei der ganzen Zahl.

Bei der Subtraktion von gemischten Brüchen untereinander kann es vorkommen, daß die getrennte Rechnung von natürlichen Zahlen und Brüchen zu einer unglücklichen Darstellung führt. Dies kann entweder durch **Umwandlung** aller gemischten Brüche in unechte Brüche vermieden werden oder durch **Zerlegung** des Minuenden (1. Zahl) in Bruch und Zahl.

Grundrechenarten mit Brüchen
SUBTRAKTION

Beispiel: $3\frac{1}{2} - 1\frac{3}{4} = 3 - 1 + \frac{1}{2} - \frac{3}{4} = 2 + \frac{2-3}{4} = ?$
Hier hilfst du dir, indem du den Minuenden zerlegst:
$3\frac{1}{2} - 1\frac{3}{4} = 3 - 1 + \frac{2-3}{4} = 2 + \frac{2-3}{4} = 1 + 1 + \frac{2-3}{4} = 1 + \frac{4}{4} + \frac{2-3}{4} = 1 + \frac{6-3}{4} = 1\frac{3}{4}$.

■ **Übungen** ■

1. Berechne jeweils die Differenz.
  a) $\frac{7}{8} - \frac{5}{8}$ b) $\frac{5}{6} - \frac{1}{6}$ c) $\frac{8}{11} - \frac{5}{11}$ d) $\frac{15}{16} - \frac{7}{16}$ e) $\frac{31}{44} - \frac{27}{44}$

2. Mache die Brüche gleichnamig, und berechne dann jeweils die Differenz.
  a) $\frac{2}{3} - \frac{1}{6}$ b) $\frac{4}{9} - \frac{1}{6}$ c) $\frac{3}{7} - \frac{1}{14}$ d) $\frac{1}{2} - \frac{1}{13}$ e) $\frac{2}{3} - \frac{1}{11}$

3. Und weiter geht's!
  a) $6\frac{1}{18} - 4\frac{7}{18}$ b) $2\frac{3}{19} - 2\frac{2}{19}$ c) $2\frac{7}{11} - 2\frac{2}{11}$ d) $5\frac{6}{7} - 5\frac{4}{7}$ e) $8\frac{1}{20} - 7\frac{1}{10}$

4. Keine Müdigkeit vorschützen!
  a) $3\frac{1}{5} - 2\frac{2}{3}$ b) $10\frac{2}{3} - 7\frac{4}{9}$ c) $8\frac{3}{20} - 3\frac{4}{5}$ d) $6\frac{7}{25} - 5\frac{9}{20}$ e) $9\frac{3}{10} - 7\frac{2}{15}$

5. Gemischte Subtraktionsübungen:
  a) $\frac{6}{7} - \frac{4}{7}$ b) $9 - 4\frac{1}{5}$ c) $\frac{6}{11} - \frac{3}{10}$ d) $23 - 8\frac{3}{8}$ e) $6\frac{3}{5} - 6$

6.

Rechenpyramide „Subtraktion":
Bei der Rechenpyramide steht das Ergebnis der Subtraktion zweier Felder immer in der Mitte darüber.

Keine Müdigkeit vorschützen!

Verbindung von Multiplikation und Division

Um in Rechenausdrücken mit Multiplikation und Division keine Fehler zu machen, mußt du dir über die **Reihenfolge der Berechnung** im klaren sein. Dazu schaust du dir zuerst zwei Gesetze für die Multiplikation an.

Rechengesetze der Multiplikation

KG und AG bei Multiplikation

Bei der Multiplikation darfst du die einzelnen Faktoren vertauschen, ohne daß das Ergebnis sich ändert. Außerdem können Klammern umgesetzt oder sogar weggelassen werden.

$$\text{Faktoren tauschen: } \frac{1}{4} \cdot \frac{5}{6} = \frac{5}{6} \cdot \frac{1}{4} = \frac{5}{24}$$

Das **Vertauschungsgesetz (Kommutativgesetz, KG)** gilt.

Klammern umsetzen oder weglassen:
$$\frac{3}{5} \cdot \left(\frac{3}{7} \cdot \frac{1}{2}\right) = \left(\frac{3}{5} \cdot \frac{3}{7}\right) \cdot \frac{1}{2} = \frac{3}{5} \cdot \frac{3}{7} \cdot \frac{1}{2} = \frac{9}{70}$$

Das **Verbindungsgesetz (Assoziativgesetz, AG)** gilt.

Rechenregeln bei der Division

Klammern nicht umsetzen!

Wie du bereits weißt, wird bei der Division mit dem Kehrwert des Bruchs multipliziert. Bevor du jedoch diese Umkehrung durchführst, müssen **Klammern** berücksichtigt werden. Im Gegensatz zur Multiplikation darfst du bei der Division nicht einfach Klammern umsetzen oder die zu teilende Zahl und den Teiler (Divisor und Dividend) vertauschen.

Beim Teilen wird nicht getauscht.

$$\frac{1}{2} : \left(\frac{2}{5} : \frac{1}{3}\right) = \frac{1}{2} : \left(\frac{2}{5} \cdot \frac{3}{1}\right) = \frac{1}{2} : \frac{6}{5} = \frac{1}{2} \cdot \frac{5}{6} = \frac{5}{12}$$

Aber: $\left(\frac{1}{2} : \frac{2}{5}\right) : \frac{1}{3} = \left(\frac{1}{2} \cdot \frac{5}{2}\right) : \frac{1}{3} = \frac{5}{4} : \frac{1}{3} = \frac{5}{4} \cdot \frac{3}{1} = \frac{15}{4}$

„Kehrwert multiplizieren", „Zähler mal Zähler, Nenner mal Nenner"

Klammern dürfen also bei der Division nicht umgesetzt werden.

$$4 : \frac{1}{2} = 4 \cdot \frac{2}{1} = \frac{8}{1} = 8 \quad \text{Aber: } \frac{1}{2} : 4 = \frac{1}{2} : \frac{4}{1} = \frac{1}{2} \cdot \frac{1}{4} = \frac{1}{8}$$

Die Umstellung von Divisor und Dividend führt zu einem anderen Ergebnis.

Grundrechenarten mit Brüchen
GESETZE/REGELN

Verbindung von Addition und Subtraktion

Die Additions- und Subtraktionsregeln bei Brüchen unterscheiden sich nicht von denen bei ganzen Zahlen. Daher kannst du die Regeln für das Vertauschen von Zahlen und das Setzen der Klammern übertragen.

Die Rechengesetze kannst du dir nachfolgend – auf Brüche bezogen – anschauen.

Rechengesetze bei Addition mit Brüchen

Auch bei der **Addition** gibt es für das Vertauschen von Brüchen und das Umsetzen von Klammern Rechengesetze. Wie bei der Multiplikation darfst du die Brüche und die Klammern umsetzen.

$$\tfrac{1}{2} + \tfrac{2}{3} = \tfrac{3}{6} + \tfrac{4}{6} = \tfrac{3+4}{6} = \tfrac{4+3}{6} = \tfrac{4}{6} + \tfrac{3}{6} = \tfrac{2}{3} + \tfrac{1}{2} = \tfrac{7}{6} = 1\tfrac{1}{6}$$

Das **Vertauschungsgesetz (Kommutativgesetz, KG)** gilt.

Regeln wie bei Multiplikation!

Für das Umsetzen der Klammern gilt wieder die gleiche Regel wie bei der Multiplikation.

$$\tfrac{1}{2} + (\tfrac{1}{5} + \tfrac{1}{4}) = (\tfrac{1}{2} + \tfrac{1}{5}) + \tfrac{1}{4} = \tfrac{1}{2} + \tfrac{1}{5} + \tfrac{1}{4} = \tfrac{10+4+5}{20} = \tfrac{19}{20}$$

Das **Verbindungsgesetz (Assoziativgesetz, AG)** gilt.

Rechenregeln bei Subtraktion mit Brüchen

Auch hier gelten zunächst die Regeln wie bei der Subtraktion mit ganzen Zahlen. Zahlen vertauschen und Klammern umsetzen führt bei der Subtraktion mit Brüchen zu Fehlern.

$$2 - (\tfrac{1}{4} - \tfrac{1}{6}) = 2 - (\tfrac{3}{12} - \tfrac{2}{12}) = 2 - \tfrac{1}{12} = \tfrac{24}{12} - \tfrac{1}{12} = \tfrac{23}{12} = 1\tfrac{11}{12}$$

Aber: $(2 - \tfrac{1}{4}) - \tfrac{1}{6} = \tfrac{7}{4} - \tfrac{1}{6} = \tfrac{21-2}{12} = \tfrac{19}{12} = 1\tfrac{7}{12}$ } Unterschied

Regeln für Subtraktion ähnlich Division!

Außerdem darfst du die Zahlen beziehungsweise Brüche nicht vertauschen, da sonst plötzlich große Werte von kleinen Werten abgezogen werden müßten.

$$\tfrac{1}{2} - \tfrac{1}{3} \neq \tfrac{1}{3} - \tfrac{1}{2} = \tfrac{2}{6} - \tfrac{3}{6} = \,?$$

Bruchrechnen in Termen

Regeln auf die Reihe bringen!

▶ Klammern zuerst

▶ Punkt vor Strich

▶ von links nach rechts

„Rangordnung" von Regeln

Bei Verbindung der Grundrechenarten in Termen mußt du eine „Rangordnung" von Regeln beachten.
1. Der Inhalt von Klammern wird zuerst berechnet.
2. Punktrechnung (·, :) wird vor Strichrechnung (+, –) berechnet.
3. Ansonsten wird von links nach rechts, in Leserichtung also, gerechnet.

Beispiel: $\frac{1}{2} \cdot (\frac{3}{4} + \frac{1}{6}) + 2 : \frac{1}{3} + 1$ Klammer zuerst

$\frac{1}{2} \cdot \frac{11}{12} + 2 : \frac{1}{3} + 1$ Punkt vor Strich, von links nach rechts

$\frac{11}{24} + 2 : \frac{1}{3} + 1$ Punkt vor Strich

$\frac{11}{24} + 6 + 1$ von links nach rechts

$\frac{155}{24} + 1$ zuletzt Addition

$\frac{179}{24} = 7\frac{11}{24}$ Ergebnis auch als gemischter Bruch möglich

Bruchterme

Term = Rechenausdruck

Ein Bruch wird, das ist nichts Neues, aus der Division zweier ganzer Zahlen gebildet. Jetzt kann auch eine Summe oder Differenz in den Zähler oder Nenner eines Bruchs gesetzt werden. Statt einer natürlichen Zahl schreibst du somit eine Summe oder Differenz in einen Bruch, und du erhältst einen **Bruchterm**. Ein Bruchterm entsteht mittels einer Division zweier Terme.

Term durch Term = Bruchterm

Beispiel: $(12 - 7) : (4 + 2) = \frac{12-7}{4+2}$

Schreibst du die Terme mit dem Divisionszeichen (:), so mußt du **Klammern** setzen. Bei der Bruchschreibweise können sie weggelassen werden, bieten dir andererseits jedoch mehr Übersichtlichkeit. Das Ergebnis eines Bruchterms erhältst du, indem zuerst der Zähler und dann der Nenner berechnet wird. Anschließend hast du wieder einen Bruch.

Beispiel: $\frac{12-7}{4+2}$ Term im Zähler: $\frac{5}{4+2}$ Term im Nenner: $\frac{5}{6}$

Grundrechenarten mit Brüchen
BRUCHTERME

Doppelbrüche

Doppelbrüche entstehen dadurch, daß du in den **Zähler und Nenner** wiederum **echte** oder **unechte Brüche** einsetzt. Ein Doppelbruch ist also die Division zweier Brüche.

Beispiel: $\dfrac{\frac{3}{4}}{\frac{5}{7}} = \frac{3}{4} : \frac{5}{7}$

Brüche im Bruch = Doppelbrüche

Einen Doppelbruch kannst du berechnen, indem du die Regel für die Division durch einen Bruch anwendest. Der Zähler des Doppelbruchs wird mit dem Kehrwert des Nenners multipliziert. Du erhältst somit ein Produkt:

Mit Kehrwert des Nenners multiplizieren!

$\dfrac{\frac{3}{4}}{\frac{5}{7}} = \frac{3}{4} \cdot \frac{7}{5} = \frac{3 \cdot 7}{4 \cdot 5} = \frac{21}{20} = 1\frac{1}{20}$

Verbindung von Punkt- und Strichrechnung im Verteilungsgesetz

Teilst du eine Summe oder Differenz durch einen Bruch, so kannst du die einzelnen Summanden, beziehungsweise den Minuenden und Subtrahenden, durch den Bruch teilen.

Vorteilhaft rechnen!

$(\frac{1}{3} + \frac{1}{4}) : \frac{1}{2} = \frac{1}{3} : \frac{1}{2} + \frac{1}{4} : \frac{1}{2} = \frac{1}{3} \cdot \frac{2}{1} + \frac{1}{4} \cdot \frac{2}{1} = \frac{2}{3} + \frac{1}{2} = \frac{4}{6} + \frac{3}{6} = \frac{7}{6} = 1\frac{1}{6}$

$(\frac{1}{3} - \frac{1}{4}) : \frac{1}{2} = \frac{1}{3} : \frac{1}{2} - \frac{1}{4} : \frac{1}{2} = \frac{1}{3} \cdot \frac{2}{1} - \frac{1}{4} \cdot \frac{2}{1} = \frac{2}{3} - \frac{1}{2} = \frac{4}{6} - \frac{3}{6} = \frac{1}{6}$

Verteilungsgesetz (Distributivgesetz, DG)

Du kannst das Verteilungsgesetz auch für die Multiplikation einer Summe oder Differenz anwenden.

Jeden Summanden multiplizieren!

$(\frac{1}{3} + \frac{1}{5}) \cdot \frac{1}{2} = \frac{1}{3} \cdot \frac{1}{2} + \frac{1}{5} \cdot \frac{1}{2} = \frac{1}{6} + \frac{1}{10} = \frac{5}{30} + \frac{3}{30} = \frac{8}{30} = \frac{4}{15}$

Klammern schaden nicht.

■ Übungen ■

1. Terme mit Klammern:

a) $(\frac{2}{3} + \frac{3}{4}) : \frac{9}{2}$ b) $(\frac{5}{4} + \frac{6}{7}) \cdot \frac{2}{7}$ c) $(\frac{7}{4} - \frac{3}{2}) \cdot (3 + \frac{7}{8})$ d) $(\frac{8}{5} - \frac{3}{10}) : \frac{3}{4}$

2. Doppelbrüche und Bruchterme:

a) $\dfrac{\frac{1}{2}}{\frac{3}{4}}$ b) $\dfrac{\frac{36}{25}}{\frac{8}{5}}$ c) $\dfrac{\frac{4}{6} + 3}{\frac{1}{2} + \frac{5}{4}}$ d) $\dfrac{5 - \frac{3}{7}}{\frac{3}{2} + \frac{1}{7}}$

Regeln im Überblick

Multiplikation von Brüchen

„Zähler mal Zähler, Nenner mal Nenner."

$$\frac{1}{2} \cdot \frac{3}{4} = \frac{(1 \cdot 3)}{(2 \cdot 4)} = \frac{3}{8}$$

Multiplikation eines Bruchs mit einer natürlichen Zahl

Die natürliche Zahl wird mit dem Zähler multipliziert.
Der Nenner wird beibehalten.

$$\frac{4}{5} \cdot 3 = \frac{(4 \cdot 3)}{5} = \frac{12}{5}$$

Division von Brüchen

Eine Zahl oder ein Bruch wird durch einen anderen Bruch geteilt, indem mit dem hinteren Kehrwert multipliziert wird.
Der Kehrwert ist die Vertauschung von Zähler und Nenner.

$$\frac{3}{8} : \frac{3}{4} = \frac{\cancel{3}^1}{\cancel{8}_2} \cdot \frac{\cancel{4}^1}{\cancel{3}_1} = \frac{1}{2}$$

Division eines Bruchs mit einer natürlichen Zahl

Der Nenner wird mit der natürlichen Zahl multipliziert und der Zähler beibehalten.

$$\frac{3}{4} : 5 = \frac{3}{4 \cdot 5} = \frac{3}{20}$$

Addition und Subtraktion von Brüchen

▶ Brüche gleichnamig machen.
▶ Zähler addieren oder subtrahieren.
▶ Nenner beibehalten.

$$\frac{1}{3} + \frac{1}{5} = \frac{5}{15} + \frac{3}{15} = \frac{5+3}{15} = \frac{8}{15}$$

Grundrechenarten mit Brüchen
REGELN

Bestimmung des Hauptnenners

Die einzelnen Nenner werden als Produkt von Primzahlen geschrieben. Der **Hauptnenner** setzt sich aus den höchsten Potenzen aller vorkommenden Primfaktoren pro Nenner zusammen.

$$\textbf{Hauptnenner von 24, 15, 9:}\ 2^3 \cdot 3^2 \cdot 5 = 8 \cdot 9 \cdot 5 = 360$$

Addition eines Bruchs mit einer ganzen Zahl

Du hast **zwei Möglichkeiten:**
1. Die Summe einer natürlichen Zahl mit einem Bruch kann als gemischter Bruch geschrieben werden.

$$2 + \tfrac{3}{4} = 2\tfrac{3}{4}$$

2. Eine natürliche Zahl wird als gleichnamiger Bruch erweitert. Anschließend werden die Zähler addiert, und der Nenner wird beibehalten.

$$2 + \tfrac{3}{4} = \tfrac{8}{4} + \tfrac{3}{4} = \tfrac{8+3}{4} = \tfrac{11}{4}$$

Rechengesetze bei der Multiplikation und Addition von Brüchen

Es gibt hier **zwei wichtige Regeln:**
1. **Vertauschungsgesetz (Kommutativgesetz, KG):**
   Die Faktoren (Summanden) dürfen vertauscht werden.

$$\tfrac{1}{2} + \tfrac{3}{4} = \tfrac{3}{4} + \tfrac{1}{2} = \tfrac{5}{4} = 1\tfrac{1}{4}$$

2. **Verbindungsgesetz (Assoziativgesetz, AG):**
   Die Klammern dürfen vertauscht oder weggelassen werden.

$$\tfrac{1}{2} + (\tfrac{1}{5} + \tfrac{1}{4}) = (\tfrac{1}{2} + \tfrac{1}{5}) + \tfrac{1}{4} = \tfrac{1}{2} + \tfrac{1}{5} + \tfrac{1}{4} = \tfrac{10+4+5}{20} = \tfrac{19}{20}$$

Rechenregeln für Terme

1. Inhalte von Klammern ausrechnen.
2. „Punkt vor Strich".
3. Rechenrichtung von links nach rechts (Leserichtung).

Bruchterme

Das Ergebnis eines Bruchterms erhältst du, indem du zuerst den Zähler und dann den Nenner berechnest.

Doppelbrüche

Der Zähler des Doppelbruchs wird mit dem Nennerkehrwert multipliziert.

■ Übungen zu den einzelnen Rechenarten ■

Multiplikation

1. a) $\frac{3}{4} \cdot \frac{5}{7}$ b) $\frac{7}{8} \cdot \frac{5}{11}$ c) $\frac{9}{5} \cdot \frac{3}{4}$ d) $\frac{13}{15} \cdot \frac{3}{52}$ e) $\frac{27}{20} \cdot \frac{105}{117}$

2. a) $\frac{7}{4} \cdot 32$ b) $\frac{78}{105} \cdot 190$ c) $102 \cdot 1\frac{9}{68}$ d) $2\frac{3}{4} \cdot 1\frac{3}{5}$ e) $6\frac{1}{6} \cdot 3\frac{33}{37}$

Division

Kehrwert nicht vergessen!

1. a) $\frac{3}{4} : \frac{5}{2}$ b) $\frac{5}{6} : \frac{20}{3}$ c) $\frac{39}{4} : \frac{8}{13}$ d) $\frac{95}{24} : \frac{25}{36}$ e) $\frac{132}{44} : \frac{99}{77}$

2. a) $\frac{60}{13} : 15$ b) $5 : \frac{25}{8}$ c) $7\frac{7}{8} : 21$ d) $3\frac{5}{7} : 2\frac{11}{14}$ e) $8\frac{7}{11} : 11\frac{7}{8}$

Addition

Der Hauptnenner ist notwendig.

1. a) $\frac{2}{21} + \frac{5}{21}$ b) $\frac{3}{4} + \frac{5}{8}$ c) $\frac{5}{6} + \frac{5}{2}$ d) $\frac{5}{6} + \frac{1}{5}$ e) $\frac{7}{3} + \frac{5}{42}$

2. a) $\frac{1}{8} + 3\frac{1}{24}$ b) $\frac{7}{10} + 1\frac{5}{12}$ c) $4\frac{11}{14} + 1\frac{29}{42}$ d) $1\frac{1}{8} + 1\frac{15}{24}$ e) $1\frac{12}{63} + 1\frac{2}{21}$

Subtraktion

1. a) $\frac{4}{5} - \frac{1}{3}$ b) $\frac{9}{5} - \frac{5}{9}$ c) $\frac{1}{2} - \frac{9}{35}$ d) $\frac{5}{21} - \frac{5}{42}$ e) $\frac{121}{21} - \frac{2}{7}$

2. a) $1\frac{1}{2} - \frac{1}{4}$ b) $3\frac{2}{9} - \frac{2}{3}$ c) $6\frac{1}{3} - 5\frac{2}{3}$ d) $5\frac{3}{7} - 4\frac{3}{14}$ e) $3\frac{2}{5} - 2\frac{3}{7}$

Grundrechenarten mit Brüchen
ÜBUNGEN

Verbindung von Multiplikation und Division

1. a) $\frac{2}{7} \cdot \frac{3}{8} : \frac{3}{14}$ b) $\frac{7}{90} : \frac{2}{3} \cdot \frac{14}{5}$ c) $\frac{6}{5} : \frac{3}{10} : \frac{1}{2}$

2. a) $4\frac{5}{6} \cdot \frac{3}{5} : \frac{2}{25}$ b) $1\frac{1}{2} : \frac{5}{6} \cdot 2\frac{5}{7}$ c) $\frac{1}{2} : 3 : \frac{4}{3}$

Verbindung von Addition und Subtraktion

1. Suche zuerst den gemeinsamen Nenner:
   a) $\frac{7}{16} - \frac{3}{8} + \frac{1}{4}$ b) $\frac{2}{5} + \frac{1}{8} + \frac{3}{10}$ c) $\frac{4}{3} - \frac{7}{8} + 1\frac{1}{6}$

2. Hier kannst du vorteilhaft rechnen, indem du das Vertauschungsgesetz nutzt:
   a) $\frac{3}{4} + \frac{1}{3} + \frac{1}{4}$ b) $1\frac{1}{6} - \frac{3}{4} + \frac{5}{6}$ c) $\frac{5}{9} - \frac{6}{11} + \frac{4}{9}$

Brüche in Termen

Bei den folgenden Aufgaben kannst du oft die verschiedenen Rechengesetze günstig einsetzen. Vergiß dabei das Kürzen nicht!

1. a) $\frac{3}{4} \cdot (\frac{25}{8} \cdot \frac{2}{5} - \frac{2}{9})$ b) $\frac{3}{4} \cdot (\frac{2}{7} + \frac{14}{5}) \cdot \frac{2}{5}$ c) $(4\frac{1}{2} \cdot 2\frac{2}{3} - \frac{2}{5}) : \frac{4}{3}$

2. a) $3 - (\frac{1}{2} + \frac{1}{3} + \frac{1}{5})$ b) $4\frac{1}{7} - \frac{7}{8} \cdot 2\frac{2}{7}$ c) $2 : \frac{1}{2} - \frac{2}{5} \cdot 2$

3. Setze anhand des abgebildeten Rechenbaums die fehlenden Zeichen ein, und berechne das Ergebnis:
   a) $3\frac{1}{2} \square \square \frac{5}{3} \square \frac{3}{5} \square \frac{2}{5} \square$
   b) $3\frac{1}{2} \square \square \frac{5}{3} \square \frac{3}{5} \square \square \frac{2}{5}$

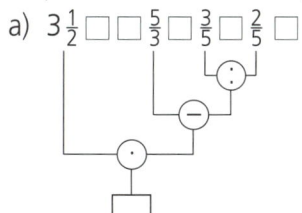

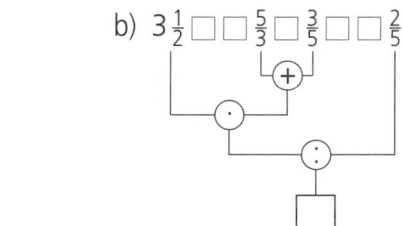

4. Rechne zuerst jeweils den Zähler und den Nenner aus. Anschließend das Kürzen nicht vergessen!
   a) $\frac{100 - 27}{150 - 4}$ b) $\frac{4 \cdot 12}{15 - 3}$ c) $\frac{25 + 9}{3 \cdot 6}$
   d) $\frac{19 - 5}{2 \cdot 7}$ e) $\frac{71 + 20}{40 - 1}$ f) $\frac{18 \cdot 2}{60 - 12}$

Bei all diesen Übungen bitte das Kürzen nicht vergessen!

DIE BRÜCHE MIT DEM KOMMA
Dezimalschreibweise für Brüche

Die Dezimalschreibweise für Brüche, nämlich die sogenannten Kommazahlen, siehst du im Alltag sehr häufig. **Maße, Gewichte** und **Längen** werden nicht als echte oder gemischte Brüche geschrieben, sondern in der Dezimalschreibweise angegeben.

Dezimalbruch = Kommazahl

Umwandlung in einen Dezimalbruch

Ein Dezimalbruch ergibt sich aus einer **Summe einzelner Brüche.** Dazu erweiterst du dir die bekannte Stellenwerttafel um die Nachkommastellen (Dezimalen). In der folgenden Stellenwerttafel sind bereits einige Beispiele eingetragen:

Dezimalen = Nachkommastellen

H	Z	E ,	z	h	t	
		1	2	3		$1 + \frac{2}{10} + \frac{3}{100}$
	1	0	7	2		$10 + \frac{7}{10} + \frac{2}{100}$
		3	4	1	5	$3 + \frac{4}{10} + \frac{1}{100} + \frac{5}{1000}$
		9	1	3	4	$9 + \frac{1}{10} + \frac{3}{100} + \frac{4}{1000}$
2	3	1	4	5	6	$200 + 30 + 1 + \frac{4}{10} + \frac{5}{100} + \frac{6}{1000}$

Bei einem Dezimalbruch stehen also – rechts vom Komma geordnet – die Zehntel ($\frac{1}{10}$), Hundertstel ($\frac{1}{100}$), Tausendstel ($\frac{1}{1000}$) und so weiter.

Die Null bei Dezimalbrüchen

Oftmals treten Schwierigkeiten beim Hinzufügen oder Weglassen von Nullen auf. Dazu gilt, daß **am Anfang und am Ende** der Dezimalbrüche Nullen hinzugefügt oder weggelassen werden dürfen, nicht jedoch zwischen anderen Ziffern.
So ist beispielsweise
0,30 = 0,3 = 0,300
oder
1,02 = 01,02 = 1,020 = 01,020 = 1,0200.

Nullen nur am Anfang oder am Ende hinzufügen/ weglassen!

Wert bleibt gleich!

Dezimalschreibweise für Brüche
ORDNEN

Ordnen von Dezimalbrüchen

In der Dezimalschreibweise lassen sich Zahlen besser ordnen, als wenn sie als echte, unechte oder gemischte Brüche vorlägen. Deshalb werden zum Beispiel bei Wettbewerben die Sprungweiten als Dezimalbrüche angegeben.

Von zwei Dezimalbrüchen ist diejenige Zahl größer, die von links nach rechts gelesen an **derselben Stelle** zuerst die **größere Ziffer** hat.

Versuche nun, die folgenden Weiten zu ordnen:

1. Platz: _____   Hilfe: 6,17 > 5,78
2. Platz: _____   6,17 > 6,05
3. Platz: _____   6,20 > 6,17
4. Platz: _____   6,05 > 5,78
5. Platz: _____   6,17 > 5,74

Dieser Sprung wird sicher eine gute Weite erzielen

■ Übung ■

Trage die folgenden Dezimalbrüche in die Stellenwerttafel ein, und ergänze jeweils die dazugehörige Summe der dazugehörigen Brüche:
1,78; 3,96; 12,13; 8,76; 20,372; 100,2; 300,61

H	Z	E	,	z	h	t	

Addition von Dezimalbrüchen

Bei der Addition wird wieder die **Stellenwerttafel** als Hilfsmittel benutzt. In der folgenden Rechnung sucht der Kellner den Gesamtbetrag. Wie er dabei vorgeht, verdeutlicht dir der Eintrag in die Stellenwerttafel:

H	Z	E ,	z	h
	1	4	7	0
		5	7	5
		2	4	0

Das **Ergebnis** findest du, indem:

1. alle Zahlen **stellengerecht**, also Komma unter Komma, untereinandergeschrieben werden. Dabei kannst du auch Nullen anhängen.

2. von hinten, also von rechts nach links, nacheinander die Stellenwerte addiert werden. In unserem Beispiel beginnst du mit der Spalte der Hundertstel. Der Übertrag wird zum vorderen Stellenwert hinzugefügt. Die Rechnung sieht beim Kellner somit folgendermaßen aus:

```
Pizza Salami        14,70
Salat           +    5,75
Getränk         +    2,40
                    22,85
```

Nullen anfügen! Du siehst oft, daß dir bei manchen Zahlen beim stellenweisen Addieren Ziffern „fehlen". Dies bedeutet nichts anderes, als daß du Nullen am Anfang oder am Ende anhängen kannst. Hier ein Beispiel, dessen Ergebnis du selber ausrechnen kannst:

Aufgabe:
$15{,}7 + 0{,}2 + 6{,}752 + 0{,}05$

Rechnung:
```
   15,700
+   0,200
+   6,752
+   0,050
```

Überträge nicht vergessen!

Dezimalschreibweise für Brüche
ADDITION

Addition einer natürlichen Zahl mit einem Dezimalbruch

Wie du bereits ahnst, läßt sich jede natürliche Zahl auch als Dezimalbruch schreiben, indem du das Komma dahintersetzt und so viele **Nullen als Nachkommastellen** anhängst, wie du bei der Addition brauchst. Auch bei diesem Beispiel kannst du das Ergebnis selber ausrechnen.

Aufgabe:
5 + 0,231 + 1,46

Rechnung:
```
    5,000
+   0,231
+   1,460
---------
```

■ Übungen zur Addition ■

1. Schreibe die Summen jeweils als Dezimalbruch, und trage sie in die Stellenwerttafel ein.

    a) $\frac{7}{10} + \frac{5}{100}$

    b) $\frac{8}{10} + \frac{2}{100} + \frac{1}{1000}$

    c) $\frac{6}{10} + \frac{3}{1000}$

H	Z	E ,	z	h	t

2. Schreibe die folgenden Dezimalbrüche als Summe einzelner Brüche, und trage sie in die Stellenwerttafel ein.

    a) 3,721
    b) 5,38
    c) 10,75

H	Z	E ,	z	h	t

3. Addiere folgende Dezimalbrüche:

    a)   7,321   b)   4,510
       + 5,102   + 2,181
       + 2,576   + 3,307

4. Schreibe folgende Dezimalbrüche richtig untereinander, und addiere sie.

    a) 7,312; 6,1; 2,33   b) 8,758; 12,39; 7,501
    c) 118,71; 9,5; 19,999

5. Rechne aus:

    a) 70 + 0,7 + 1,23   b) 8 + 0,3 + 0,012   c) 21 + 7,89 + 7,255

Subtraktion zweier Dezimalbrüche

Bei der Subtraktion von Dezimalbrüchen gilt prinzipiell die gleiche Vorgehensweise wie bei der Addition. Zunächst einmal werden die Zahlen **stellengerecht** untereinandergeschrieben und gegebenenfalls Nullen hinzugefügt. Anstatt jedoch zu addieren, subtrahierst du nun von hinten nach vorne die untere Stelle von der oberen Stelle. Ist die untere Stelle größer als die obere, so zählst du zur oberen Stelle 10 dazu und hast einen **Übertrag** zur unteren vorderen Stelle. Ein Beispiel zeigt dir mehr als viele Worte:

Unten größer als oben = oben 10 dazu

Überträge sind wichtig!

Aufgabe: Rechnung:
12,41 – 3,65

```
  12,41       11 – 5 = 6  Übertrag 1
-  3,65       14 – 7 (6 + 1) = 7  Übertrag 1
  ─────       12 – 4 (3 + 1) = 8
   8,76
```

Subtraktion mehrerer Dezimalbrüche

Werden von einer Zahl mehrere Dezimalbrüche abgezogen, so kannst du die **Rechnung vereinfachen,** indem du zunächst in einer Nebenrechnung die abzuziehenden Dezimalzahlen addierst und anschließend das Ergebnis von der Zahl abziehst.

Subtrahenden zuerst addieren!

Aufgabe: Rechnung: Nebenrechnung:
23 – 3,05 – 10,2   3,05
= 23 – (3,05 + 10,2)   23,00   + 10,20
= 23 – 13,25   – 13,25   13,25
= 9,75   9,75

▪ Übungen zur Subtraktion ▪

1. Schreibe folgende Dezimalbrüche richtig untereinander, und subtrahiere sie:
  a) 8,32 – 7,11   b) 24,596 – 3,483   c) 3,905 – 2,804

2. Schreibe richtig untereinander, und rechne aus:
  a) 27,59 – 13,6   b) 33,428 – 7,985   c) 21,2 – 3,591

3. Rechne aus:
  a) 18,549 – 1,001 – 10,1   b) 17,54 – 1,32 – 9,753
  c) 8,5 – 2,102 – 3,763

Dezimalschreibweise für Brüche
TERME

Verbindung von Addition und Subtraktion

Wie beim Rechnen mit echten, unechten oder gemischten Brüchen kannst du die Techniken der Verbindung zwischen Addition und Subtraktion nutzen. Konkret heißt dies, daß du **getrennt** sowohl die zu **addierenden Zahlen** als auch die zu **subtrahierenden Zahlen** zuerst **zusammenfaßt.** Anschließend wird das Ergebnis der zu subtrahierenden Zahlen von dem Ergebnis der zu addierenden Zahlen abgezogen. Auch hier kannst du mitrechnen:

Aufgabe:
12,4 − 3,5 + 1,06 − 2,53 + 7,3
= 12,4 + 1,06 + 7,3 − 3,5 − 2,53
= 12,4 + 1,06 + 7,3 − (3,5 + 2,53)
= ▭ − ▭ = ▭

Nebenrechnungen: **Rechnung:**

1.   12,40   2.   3,50
   +   1,06   +   2,53
   +   7,30

Addition und Subtraktion in Termen

Wie du bereits anhand des vorausgegangenen Beispiels gesehen hast, tauchen auch hier manchmal **Klammern** auf. Bei der Benutzung von Klammern gelten die gleichen Regeln, die du bereits beim Rechnen in Termen auf Seite 128 kennengelernt hast. Im folgenden kannst du diese Regeln nun mit Dezimalbrüchen anwenden.

■ Übung mit Termen ■

Rechne aus:
a) (7,25 − 3,78) + (9,21 − 3,64)
b) 36,755 + (7,12 − 6,99) + 371,253
c) 9,001 − 2,598 − 1,1 + 6,79 + 1
d) (6,395 + 7,4) − 10
e) 8,321 + (25 − 3,789)
f) 100 − 24,1 − 28,06 − (32,431 + 6,938)

Gleiche Rechenregeln wie bei anderen Brüchen!

Anzahl der Dezimalen = Anzahl der Nachkommastellen

Multiplikation von Dezimalbrüchen

Bei der Multiplikation von Dezimalbrüchen hast du als einzigen Unterschied gegenüber natürlichen Zahlen das Komma. Zunächst jedoch wird die Multiplikation auf natürliche Zahlen zurückgeführt und anschließend erst das Komma gesetzt. Dabei ergibt sich die **Anzahl der Dezimalen** im Ergebnis als **Summe der Anzahl der vorhandenen Nachkommastellen** bei den einzelnen Faktoren. Diese Überlegung läßt sich auch an der Multiplikation von echten Brüchen darstellen:

$23{,}451 \cdot 2{,}75 = \frac{23451}{1000} \cdot \frac{275}{100} = \frac{6449025}{100000} = 64{,}49025$

Die Rechnung wird bald zu umständlich, so daß du wie folgt rechnen wirst:

Aufgabe:	Was sich dahinter verbirgt:	Rechnung:
$23{,}451 \cdot 2{,}75$		$23{,}451 \cdot 2{,}75$
	$23451 \cdot 200$	4690200
	$23451 \cdot 70$	$+\quad 1641570$
	$23451 \cdot 5$	$+\quad\quad 117255$
Gesamte Anzahl der Nachkommastellen: 5		$64{,}49025$

Multiplikation mit Zehnerpotenzen

Wenn du einen Dezimalbruch mit einer Zehnerpotenz (10, 100, 1000 …) multiplizierst, so kannst du dir erhebliche Arbeit ersparen, wenn du weißt, daß dies letztendlich zu einer **Verschiebung des Kommas** nach rechts führt:

$2{,}75 \cdot 10 = \frac{275}{100} \cdot \frac{10}{1} = \frac{2750}{100} = \frac{275}{10} = 27{,}5$

Du siehst, daß das Komma um eine Stelle nach rechts „gewandert" ist. Falls die Nachkommastellen nicht ausreichen, darfst du jederzeit **Nullen anhängen**. Jetzt kannst du selbst mühelos rechnen:

Nullen zählen!

$2{,}75 \cdot 10 = 27{,}5$

$2{,}75 \cdot 100 = 275$

$2{,}75 \cdot 1000 = $ _____

$2{,}75 \cdot 10000 = $ _____

$2{,}75 \cdot 100000 = $ _____

Dezimalschreibweise für Brüche
MULTIPLIKATION

Multiplikation mit einer ganzen Zahl
Bei der Multiplikation mit einer ganzen Zahl ist die **Anzahl der Dezimalen** vom Ergebnis und vom Dezimalbruch gleich. Du kannst also zunächst wie bei natürlichen Zahlen ohne Beachtung des Kommas ausmultiplizieren und anschließend wieder das Komma setzen. Überflüssig angehängte Nullen werden dabei erst nach dem Setzen des Kommas entfernt.

Komma setzen nicht vergessen!

Aufgabe:
3,56 · 35

Rechnung:
3,56 · 35
   1068
+ 1780
  124,60

Ergebnis: 124,6

■ Übung zur Multiplikation ■

Rechne aus:
a) 12,1 · 10
b) 67,251 · 3,58
c) 15,537 · 14,1
d) 123,54 · 6,75
e) 116,531 · 100
f) 25,687 · 3
g) 120,391 · 5
h) 37,51 · 1000
i) 17,18 · 9,765

Nur Übung macht den Meister!

Division mit Dezimalbrüchen

Auch bei der Division gilt es, das Komma peinlich genau zu beachten, da sonst der Wert geändert wird. Bei der Division kannst du einen größeren durch einen kleineren Wert teilen und auch umgekehrt. Teilst du eine **kleinere durch eine größere Zahl**, so steht vor dem Komma immer eine **Null**.

Klein durch groß → 0 vor dem Komma

$$3{,}2 : 5{,}4 = \frac{32}{10} : \frac{54}{10} = \frac{32}{10} \cdot \frac{10}{54} = \frac{32}{54} = \frac{16}{27} = 0{,}592 \ldots < 1$$

Division durch eine natürliche Zahl

Beim Dividieren durch eine ganze Zahl wird bei der Überschreitung des Kommas der zu teilenden Zahl gleichzeitig das Komma beim Ergebnis gesetzt.

Komma gleichzeitig setzen!

Aufgabe: 3,58 : 2

Rechnung:

```
  3,58 : 2 = 1,79
- 2              ↑
  15      → Komma setzen!
- 14
   18
 - 18
    0
```

Teilst du eine kleinere Zahl durch eine größere, so beginnt das Ergebnis mit 0, da der Teiler nicht in der kleineren Zahl enthalten ist:

0,3 : 8

```
  0,3 : 8 = 0,0375
- 0             ↑
  3      → Komma setzen!
- 0
  30
- 24
  60
- 56
  40
- 40
   0
```

Das Komma macht den Unterschied!

Dezimalschreibweise für Brüche
DIVISION

Division mit einem Dezimalbruch

Die Division mit einem Dezimalbruch kannst du durchführen, indem du mittels einer **gleichsinnigen Kommaverschiebung** zu einer **Division mit einer natürlichen Zahl** gelangst. Wie du feststellst, ändert sich der Wert des Quotienten beim Erweitern oder Kürzen mit einer Zehnerpotenz nicht:

Wert bleibt gleich!

$4{,}8 : 0{,}16 = 48 : 1{,}6 = 480 : 16$

$\frac{48}{10} \cdot \frac{16}{100} = \frac{480}{100} \cdot \frac{16}{100} = \frac{480}{100} \cdot \frac{100}{16} = \frac{480}{16} \rightarrow 30$

Ziel ist es für dich, durch die gleichsinnige Kommaverschiebung den Teiler als natürliche Zahl zu schreiben:

$5{,}7 : 0{,}3 = 57{,}0 : 3{,}0 = 57 : 3$

Durch eine Verschiebung des Kommas nach links kannst du Zahlen verkleinern, wenn Dividend und Divisor als Endziffer eine Null besitzen:

$2310 : 60 = 231{,}0 : 6{,}0 = 231 : 6$

In manchen Fällen mußt du bei der Kommaverschiebung Nullen anhängen:

$34{,}8 : 0{,}232$ $1{,}75 : 0{,}7$

34800 : 232 = 150   *175 : 70 = 2,5*
− 232   *− 140*
  1160   *350*
− 1160   *− 350*
     0   *0*

■ Übungen zur Division ■

1. Hier kannst du dich mit Kommaverschiebung im Kopfrechnen üben:
a) $3 : 0{,}6$ b) $1 : 0{,}5$ c) $0{,}8 : 0{,}04$
d) $0{,}25 : 0{,}5$ e) $3{,}9 : 1{,}3$ f) $8 : 1{,}6$

2. Jetzt wird an der Leine dividiert. Das Ergebnis kannst du jeweils eintragen und damit weiterrechnen:
Start $1{,}2 \rightarrow : 0{,}5 \rightarrow \square \rightarrow : 15 \rightarrow \square \rightarrow : 0{,}4 \rightarrow \square \rightarrow : 0{,}02 \rightarrow \square$
$\rightarrow : 1{,}6 \rightarrow \square \rightarrow : 25 \rightarrow \square \rightarrow : 2{,}5 \rightarrow$ Ziel $0{,}2$

Besondere Anwendungen der Division

Die Division wird dir im Schulalltag in einer besonderen Form vorkommen. Bei der Mittelwertsberechnung deiner Noten, dem **Durchschnitt** also, addierst du deine Noten in einem Fach und teilst die Summe durch die Anzahl der Noten.

Neben der Berechnung des **Mittelwerts** benötigst du die Division auch zur **Umwandlung eines Dezimalbruchs** in einen echten oder unechten Bruch.

Berechnung des Mittelwerts

Der Mittelwert, auch Durchschnitt genannt, wird ganz allgemein berechnet als **Summe**, geteilt (dividiert) durch die **Anzahl ihrer Summanden**.

In einer Klasse wurden die Größen einiger Schüler gemessen. Versuche nun, daraus den Mittelwert zu berechnen:

Summe
Anzahl der Summanden

Martin 1,72 m
Susi 1,63 m   Summe: _____
Bernd 1,69 m
Silke 1,60 m   Anzahl der Summanden (Schüler): _____
Theresia 1,62 m
Jens 1,70 m   Mittelwert: _____ : _____ = _____

■ Übung ■

Du kannst nun einige Mittelwerte selbst berechnen:

Beim Mittelwert sinnvoll runden!

a) Mittelwert von Strecken: 1,2 km, 1,8 km, 2,7 km, 1,9 km, 1,1 km
b) Mittelwert von Punkten: 15 Punkte, 13 Punkte, 11 Punkte, 14 Punkte
c) Mittelwert von Stücken: 45 Schrauben, 23 Schrauben, 39 Schrauben

Dezimalschreibweise für Brüche
UMWANDLUNGEN

Umwandlung von echten und unechten Brüchen in Dezimalbrüche
Du hast **zwei Möglichkeiten**, einen Dezimalbruch aus einem (un-)echten Bruch zu erhalten. Zum einen kannst du durch Erweitern des Nenners auf eine Zehnerpotenz eine Dezimalzahl erhalten. Andererseits kannst du den Zähler durch den Nenner dividieren.
Beim Erweitern auf eine Zehnerpotenz mußt du zunächst die **Erweiterungszahl** bestimmen. Dabei fängst du mit einer Zehnerpotenz an, die mindestens genauso viele Nullen hat wie der Nenner, und teilst anschließend die Zehnerpotenz durch den Nenner. Geht dies nicht ohne Rest auf, so nimmst du die nächstgrößere Zehnerpotenz und dividierst wiederum. Hast du eine Zehnerpotenz gefunden, so erweiterst du den Bruch und erhältst die **Ziffernfolge der Dezimalzahl im Zähler**. Das Komma setzt du entsprechend der Anzahl Nullen des Nenners von rechts nach links.

Zwei Möglichkeiten zur Auswahl!

Finde eine Zehnerpotenz!

$\frac{57}{8}$

Bestimmung der Erweiterungszahl: $1000 : 8 = \mathbf{125}$
Erweitern: $57 \cdot \frac{125}{1000}$ Ziffernfolge: 7125
Anzahl der Dezimalen: Zehnerpotenz 1000 → 3 Dezimalen
Ergebnis: $\frac{57}{8} = 7{,}125$

Du kannst das Ergebnis auch mit der Division von Zähler und Nenner erhalten (siehe Beispielrechnung auf Randspalte).

2. Möglichkeit: Division von Zähler und Nenner:

$57 : 8 = 7{,}125$
-56
10
-8
20
-16
40
-40
0

Umwandlung von Dezimalbrüchen in echte oder unechte Brüche
Beim Umformen von (un-)echten Brüchen in die Dezimalschreibweise bleibt, wie du weißt, der Wert erhalten. Durch Multiplikation mit einem Bruch, der im Zähler und im Nenner eine **Zehnerpotenz** (10, 100, 1000 …) enthält, kannst du die Umwandlung vollziehen. Dabei gibt dir die Anzahl der Dezimalen die Größe der Zehnerpotenz an. Anschließend wird der Bruch gekürzt und kann eventuell auch als gemischter Bruch geschrieben werden. So gilt also:
$2{,}75 = 2{,}75 \cdot 1 = 2{,}75 \cdot \frac{100}{100} = \frac{275}{100} \underset{25}{=} \frac{11}{4} = 2\frac{3}{4}$
Du kannst nun selber die folgenden Brüche umwandeln:
0,65   1,48   3,64   0,24   9,365

Hier wandelst du selber um.

Besondere Dezimalbrüche

Da du nun durch eine Division von Zähler und Nenner jeden (un-)-echten Bruch in einen Dezimalbruch umwandeln kannst, ist es möglich, daß dabei die Rechnung nicht endet und/oder sich Dezimalen wiederholen. Solche sich immer wiederholenden Dezimalen nennt man Periode, der Bruch wird periodischer Bruch genannt: $\frac{1}{3} = 1 : 3 = 0{,}3333\ldots$, also $0{,}\overline{3}$ (lies: Null Komma Periode drei).

Es gibt sowohl **periodische Brüche** als auch Brüche, bei denen die Periode erst nach einigen Dezimalen erscheint. Diese werden dann **gemischt-periodische Brüche** genannt. Daneben gibt es Zahlen, bei denen keine Periode auftaucht und die nicht abbrechend sind, wie die Kreiszahl π.

Ohne Zehnerpotenz geht nichts.

Hier einige **Beispiele:**

a) periodisch
$\frac{1}{7} = 0{,}\overline{142857}$

b) gemischt-periodisch
$\frac{5}{6} = 0{,}8\overline{3}$; $\frac{5}{12} = 0{,}41\overline{6}$

c) nicht abbrechend
$\pi = 3{,}141592653\ldots$

Was du noch beachten solltest:

$\frac{1}{3} = 0{,}\overline{3}$ $\quad$ $0{,}3 = \frac{3}{10}$ $\quad$ ⚠ Es gilt also $\frac{3}{10} \neq \frac{1}{3}$

$\frac{1}{9} = 0{,}\overline{1}$ $\quad$ $0{,}\overline{1} \cdot 9 = 1$ $\quad$ ⚠ $\frac{1}{9} \cdot 9 = \frac{9}{9} = 1$, aber $0{,}1 \cdot 9 = 0{,}9 \neq 1$

$\frac{1}{7} = 0{,}\overline{142857}$ $\quad$ $0{,}\overline{142857} \cdot 7 = 1$ $\quad$ ⚠ Dies ist nicht $0{,}999999$, da $\frac{1}{7} \cdot 7 = 1$

Erkennen von periodischen Dezimalbrüchen

Gewußt wie!

Sicher ist dir jetzt aufgefallen, daß Dezimalbrüche mit periodischen Dezimalen zum Beispiel dann entstehen, wenn der Nenner des gekürzten echten Bruchs durch 3 teilbar ist. Dies liegt daran, daß ein Bruch immer dann **periodische Dezimalen** besitzt, wenn er sich **nicht auf eine Zehnerpotenz im Nenner** erweitern läßt. Andersherum formuliert heißt dies, daß Nenner mit den Faktoren 2 und 5, die in beliebiger Anzahl vorkommen dürfen, sich auf Zehnerpotenzen erweitern lassen und damit nicht zu periodischen Dezimalen führen.

Dezimalschreibweise für Brüche
PERIODEN

Umwandlung eines periodischen Dezimalbruchs

Zur Umwandlung eines periodischen Dezimalbruchs machst du dir die Periode an sich nutzbar. Die Dezimalzahl wird mit einer **Zehnerpotenz multipliziert**, die der **Länge der Periode** entspricht. Anschließend wird von diesem Vielfachen der Dezimalbruch abgezogen. Dabei „verschwindet" die Periode. Dies ergibt den Zähler des echten Bruchs. Den Nenner erhältst du, indem von der Zehnerpotenz 1 abgezogen wird. Anschließend kannst du wie üblich kürzen:

Die Periode verschwinden lassen!

Dezimalbruch: $0,\overline{675}$ Multiplikation mit 1000
Rechnung: $675,\overline{675}$
                     $- 0,\overline{675}$
                     $675 \rightarrow$ Zähler $1000 - 1 = 999 \rightarrow$ Nenner

Ergebnis: $0,\overline{675} = \frac{675}{999} = \frac{75}{111}$

Dies funktioniert auch mit gemischt-periodischen Brüchen:

Dezimalbruch: $0,5\overline{21}$ Multiplikation mit 100
Rechnung: $53,21\overline{21}$
                     $-0,5\overline{21}$
                     $52,68 \rightarrow$ Zähler $100 - 1 = 99 \rightarrow$ Nenner

Um kein Komma im Bruch zu schreiben, wird mit 100 erweitert und anschließend mit 12 gekürzt:

Ergebnis: $\frac{52,68}{99} \cdot \frac{100}{100} = \frac{5268}{9900} = \frac{439}{825}$

Probier dies nun selber:

Dezimalbruch: $3,4\overline{6}$ Multiplikation mit _____

Rechnung: _____

                    $-$_____

                    _____ $\rightarrow$ Zähler _____ $- 1 =$ _____ $\rightarrow$ Nenner

Erweitern mit _____ und kürzen mit _____ (Tip: Quersumme!)

Ergebnis: _____

Probieren geht über studieren.

Runden von Dezimalbrüchen

Sinnvoll runden!

Das Runden von Dezimalbrüchen ist immer dort sinnvoll, wo durch die Rechnung oder Fragestellung eine **bestimmte Genauigkeit** ausreicht. Speziell bei Währungen macht es wenig Sinn, mehr Stellen anzugeben, als die kleinste Währungseinheit beinhaltet. So ist beispielsweise der Pfennigbetrag die sinnvoll kleinste Einheit, die bei dem Aufteilen von 51 DM auf 8 Personen zustande kommen kann. Also muß bei Angabe in DM auf die zweite Dezimale gerundet werden:

51 DM : 8 = 6,375 ≈ 6,38 DM (Lies ≈ als „entspricht gerundet".)
Dir fehlen also zum Aufteilen 4 Pfennig.

Verfahren der Rundung

Zuerst mußt du festlegen, wie viele Dezimalen die gerundete Zahl besitzen soll. Ausschlaggebend für die Durchführung der Rundung ist nur die nächste Ziffer, also die **erste wegzulassende Ziffer**. Alle weiteren nachfolgenden Ziffern sind dann ohne Bedeutung für das Runden. Ist die erste wegzulassende Ziffer eine **0, 1, 2, 3 oder 4**, so wird **abgerundet**. Dies bedeutet für dich, daß das Rundungsergebnis sich unverändert aus der Zahl bis zur ersten wegzulassenden Ziffer ergibt. Hast du an der ersten wegzulassenden Stelle eine **5, 6, 7, 8 oder 9**, so wird **aufgerundet**. Somit mußt du die letzte beizubehaltende Dezimale um 1 erhöhen. Falls diese Dezimale eine 9 ist, kommt es zu einem Übertrag:

Bei 0, 1, 2, 3, 4 abrunden, bei 5, 6, 7, 8, 9 aufrunden.

Rundung von:	1,9467	1,9999	7,3984	0,6789
auf eine Dezimale:	1,9	2,0	7,4	0,7
auf zwei Dezimalen:	1,95	2,00	7,40	0,68
auf drei Dezimalen:	1,947	2,000	7,398	0,679

Nach dem Runden darfst du Nullen nicht streichen, da sie zeigen, auf wie viele Dezimalen gerundet worden ist, wie du es in der zweiten Spalte siehst.

Jetzt kannst du selber runden. Als Hilfe ist die wichtige Ziffer farbig unterlegt:

Hier rundest du selber.

auf eine Dezimale: 5,64751 ≈ 5,☐
auf zwei Dezimalen: 5,64751 ≈ 5,6☐
auf drei Dezimalen: 5,64751 ≈ 5,64☐

Dezimalschreibweise für Brüche
RUNDEN

Genauigkeitsgrenzen der Rundung

Je mehr Dezimalen die gerundete Zahl besitzt, desto kleiner ist der Bereich, der vor der Rundung möglich war. Die Zahl 1 kann bei verschiedenen Rundungen unterschiedliche Genauigkeitsbereiche haben:

Die Genauigkeit bei der Rundung hat Grenzen.

				Genauigkeit
1 t (gerundet auf Einer):	0,5	≤ 1	< 1,5	1000 kg
1,0 t (gerundet auf Zehntel):	0,95	≤ 1,0	< 1,05	100 kg
1,00 t (ger. auf Hundertstel):	0,995	≤ 1,00	< 1,005	10 kg
1,000 t (ger. auf Tausendstel):	0,9995	≤ 1,000	< 1,0005	1 kg

▪ Übungen zum Runden ▪

1. Die Tabelle hilft dir beim Üben des Rundens:

	4,72865	4,99999	4,19635	4,89898
eine Dezimale:	_____	_____	_____	_____
zwei Dezimalen:	_____	_____	_____	_____
drei Dezimalen:	_____	_____	_____	_____
vier Dezimalen:	_____	_____	_____	_____

2. Runde 1,732050807 auf

vier Dezimalen: _____

sechs Dezimalen: _____

sieben Dezimalen: _____

acht Dezimalen: _____

So, jetzt dreh' ich meine Runden.

3. Gib den Genauigkeitsbereich wie im obigen Beispiel an:

_____ ≤ 3,0 < _____   4,15 ≤ 4,2 < _____

5,165 ≤ 5,17 < _____   _____ ≤ 6,352 < 6,3525

Dezimalbrüche im Alltag

Rechnen mit Einheiten

Beim Messen, Wiegen und Zählen bekommst du es natürlich mit Dezimalbrüchen und Maßeinheiten zu tun. Bis auf die Zeit ist bei allen Einheiten die **Umwandlungszahl** eine **Zehnerpotenz**. Dabei kannst du Längen, Flächen, Rauminhalte und Gewichte unterscheiden.

Längen: Umwandlungszahl 10

mm $\to$ cm $\to$ dm $\to$ m $\longrightarrow$ km
    10   10   10 $10 \cdot 10 \cdot 10 = 1000$

Flächen: Umwandlungszahl 100 (10^2)

$mm^2 \to cm^2 \to dm^2 \to m^2 \to a \to ha \to km^2$
   100   100   100   100   100   100

Rauminhalt (Volumen): Umwandlungszahl 1000 (10^3)

$mm^3 \to cm^3 \to dm^3 \to m^3 \longrightarrow km^3$
  1000   1000   1000 $1000 \cdot 1000 \cdot 1000 = 1000000000$

Zeit: Umwandlungszahlen 60, 24

s $\to$ min $\to$ h $\to$ d (Tag)
 60   60   24

Gewichte (Massen): Umwandlungszahl 1000

mg $\to$ g $\to$ kg $\to$ t
 1000 1000 1000

Die Dezimalen bedeuten bei Kommazahlen ein Zehntel, ein Hundertstel, ein Tausendstel ... der benutzten Einheit:

Länge: 4 m 20 cm 5 mm = 4, 2 0 5 m
                                        m dm cm mm

Fläche: $7 m^2 \; 3 dm^2 \; 21 cm^2 = 7, 0\;3\;2\;1 \; m^2$
                                      $m^2 \; dm^2 \; cm^2$

Manchmal müssen Nullen eingefügt werden.

Rauminhalt: $5 m^3 \; 234 dm^3 \; 5 cm^3 = 5, 2\;3\;4\;0\;0\;5 \; m^3$
                                           $m^3 \; dm^3 \; cm^3$

An diesen Beispielen siehst du, daß eventuell auch eine oder mehrere Nullen eingefügt werden müssen, damit die Dezimalzahl stimmt.

Dezimalschreibweise für Brüche
UMWANDLUNGEN

Umwandeln von Einheiten

Beim Umwandeln eines Dezimalbruchs in eine andere Einheit (außer in Zeiten) machst du dir die **Kommaverschiebung** zunutze, denn die Ziffernfolge bleibt erhalten:

a) 354 cm = 3 m 54 cm = 3,54 m
b) 6,04 dm² = 6 dm² 4 cm² = 604 cm²

Du siehst, daß bei der **Umwandlung in eine größere Einheit** die Maßzahl kleiner wird und somit das Komma nach links wandert. Bei einer **Umwandlung in eine kleinere Einheit** wird die Maßzahl größer, und das Komma wird nach rechts gesetzt.
Wie weit du das Komma verschieben mußt, ergibt sich direkt aus der Anzahl Nullen, die die Umwandlungszahl insgesamt hat:

2,305 m = 2305,0 mm (Umwandlungzahl 10 · 10 · 10 = 1000)

$$m \xrightarrow{10} dm \xrightarrow{10} cm \xrightarrow{10} mm$$

Umwandlung in größere Einheit – Komma nach links

Umwandlung in kleinere Einheit – Komma nach rechts

■ Übungen ■

1. Schreibe in m: a) 2 m 34 cm   b) 13 m 5 cm   c) 4 m 7 cm 4 mm
   Schreibe in dm³: d) 3 dm³ 50 cm³   e) 5 dm³ 4 cm³   f) 10 dm³ 412 cm³

2. Jetzt kannst du sicher die folgende Tabelle ausfüllen, indem du die Zahlen für verschiedene Maßeinheiten benutzt.

a)
	kg	t
1175 g		
2390 g		

b)
	m	km
2 dm		
50 dm		

c)
	m	km
312 cm		
4712 cm		

d)
	dm³	m³
520 cm³		
1200 cm³		

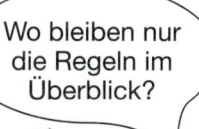

Wo bleiben nur die Regeln im Überblick?

Regeln im Überblick

Ordnen von Dezimalbrüchen

Diejenige Zahl ist größer, die von links nach rechts gelesen an derselben Stelle zuerst die größere Ziffer hat.

Addition und Subtraktion von Dezimalbrüchen

1. Alle Zahlen stellengerecht untereinanderschreiben.
2. Von hinten nacheinander die Stellenwerte addieren/subtrahieren.
   Addition: Übertrag erfolgt bei Zehnerüberschreitung.
   Subtraktion: Übertrag erfolgt bei kleinerem Stellenwert des Minuenden.

Multiplikation von Dezimalbrüchen

1. Multiplikation wie bei natürlichen Zahlen.
2. Kommastelle ergibt sich aus Anzahl der Dezimalen beider Faktoren.

Multiplikation mit Zehnerpotenzen

Verschiebung des Kommas um Anzahl der Nullen von der Zehnerpotenz nach rechts. Nullen können dazu entsprechend angehängt werden.

Division durch eine natürliche Zahl

Bei Überschreitung des Kommas der Dezimalzahl wird gleichzeitig das Komma beim Ergebnis gesetzt.

Division durch einen Dezimalbruch

1. Mittels einer gleichsinnigen Kommaverschiebung nach rechts wird daraus eine Division durch eine natürliche Zahl hergestellt. Der Wert des Quotienten ändert sich dadurch nicht.
2. Komma setzen wie bei der Division durch eine natürliche Zahl.

Dezimalschreibweise für Brüche
REGELN

Mittelwert (Durchschnitt)

Der Mittelwert ist der Quotient aus einer Summe, die geteilt wird durch die Anzahl ihrer Summanden.

Umwandlung von (un-)echten Brüchen in Dezimalbrüche

1. Möglichkeit: Erweitern des Nenners auf eine Zehnerpotenz. Die Ziffernfolge befindet sich im Zähler, die Anzahl der Kommastellen entspricht der Anzahl von Nullen der Zehnerpotenz im Nenner.
2. Möglichkeit: Zähler durch den Nenner dividieren. Dann wie bei einer Division durch eine natürliche Zahl verfahren.

Umwandlung von Dezimalbrüchen in (un-)echte Brüche

Die letzte Dezimale gibt den Stellenwert an, den die Zehnerpotenz als Nenner haben muß. Die Ziffernfolge ergibt den Zähler. Anschließend wird gekürzt, falls dies möglich ist.

Umwandlung eines periodischen Dezimalbruchs

1. Die Dezimalzahl wird mit der Zehnerpotenz multipliziert, deren Anzahl Nullen der Periodenlänge entspricht.
2. Anschließend wird von diesem Vielfachen der Dezimalbruch abgezogen.
3. Die Differenz ist der Zähler. Der Nenner ist die Zehnerpotenz – 1.

Runden von Dezimalbrüchen

Bestimmend für die Rundung ist die erste wegzulassende Ziffer. Ist die erste wegzulassende Ziffer eine 0, 1, 2, 3 oder 4, so wird abgerundet. Ist die erste wegzulassende Ziffer eine 5, 6, 7, 8 oder 9, so wird aufgerundet.

Umwandeln von Einheiten

Die Ziffernfolge bleibt erhalten.
Bei Umwandlung in eine größere (kleinere) Einheit wird die Maßzahl kleiner (größer), und das Komma wird nach links (rechts) gesetzt.

Übungen zu den Dezimalbrüchen

1. Ordne die Dezimalbrüche nach der Größe. Beginne mit dem kleinsten Dezimalbruch.
   a) 7,72; 7,71; 7,721; 7,703; 7,73
   b) 0,454; 0,452; 0,404; 0,545; 0,450
2. Berechne:
   a) 73,297 + 33,841
   b) 86,203 + 17
   c) 0,9899 − 0,889
   d) 32,75 · 1,45
   e) 2,703 · 1,006
   f) 0,35 : 0,06
3. Berechne:
   a) (12,3 · 2,2 − 3,71 · 0,78) + (27,563 − 8,501)
   b) (43,85 + 0,75 : 0,15) : (57,2 : 0,4 − 0,85 · 120)
   c) 20,4 · (48,768 − 15,1 + 3)
4. Berechne den Mittelwert:
   a) 7,23 m; 8,41 m; 7,11 m; 9,01 m; 8,63 m
   b) 9,6 kg; 8,723 kg; 4,63 kg; 5,501 kg; 10 kg
5. Wandle in einen Dezimalbruch um:
   a) $\frac{7}{8}$ b) $\frac{27}{4}$ c) $\frac{39}{8}$
6. Wandle in einen unechten Bruch um:
   a) 3,45   b) 2,56   c) 9,463
7. Wandle den periodischen Dezimalbruch um:
   a) $0,\overline{67}$ b) $0,\overline{3}$ c) $0,\overline{345}$
8. Runde das Ergebnis auf 1 Dezimale:
   a) 6,834 : 2,2   b) 9,02 : 0,6
9. Runde auf 2 Dezimalen:
   a) 7,6391   b) 8,6403   c) 9,7015   d) 10,545
10. Berechne:
    a) 7,3 m + 38,531 dm + 302 cm
    b) 56,3 kg + 1,2 t − 670 kg
    c) 0,327 kg + 32,7 kg − 627,3 g

Dezimalschreibweise für Brüche
ÜBUNGEN

■ Gemischte Übung ■

Zum Abschluß gibt es ein Rätsel in ungewohnter Form. In jedes Kästchen kommt genau eine Ziffer. Das Komma und der Bruchstrich sind bereits eingetragen:

	772,65 : 51	Kehrwert von $\frac{1}{20} \cdot \frac{1}{5}$	80 · 0,7		$\frac{9-8}{17+8}$	0,625 (echter Bruch)		4,9 · 0,3
	$8\frac{1}{5} - 7\frac{9}{20}$			,			$\frac{2465}{2000}$ (Dezimalbruch)	
1530 · 0,2				$\frac{11}{14} - \frac{2}{7}$	—	—		,
	—		428 · 0,3				,	
		0,2 · 6	$3\frac{5}{8} - 1\frac{15}{24}$	—		$2\frac{2}{9} \cdot 1\frac{1}{8}$		
	$4\frac{9}{11} - 3\frac{18}{22}$		18,75 : 0,75		1,44 : 0,12			208 · $\frac{1}{4}$
2,214 : 0,27		,		2,5 · 0,5		,		
	105,23 · 0,24			,				

Das Rätsel ist wirklich eine harte Nuß. Doch kannst du sie sicherlich knacken

WEITER IM TEXT ...
Trickreiche Textaufgaben

Das fehlt dir sicher noch: **Textaufgaben.** In diesem Kapitel wirst du nicht alle möglichen Textaufgaben finden und auch kein „Rezept" für das Rechnen mit diesen. Vielmehr sollst du die Erfahrung machen, daß du auch Textaufgaben lösen kannst. Es gibt zwar eine große Menge verschiedener Textaufgaben, aber auch einige **Tricks**, mit denen sie sich lösen lassen. Daher lernst du zunächst die **Trickkiste** kennen, die du dann auf den nächsten Seiten an einigen Beispielen benutzen kannst. Die Trickkiste wird dir auch bei anderen Textaufgaben in der Schule weiterhelfen.

Textaufgaben lassen sich durch Tricks leicht lösen.

Die Trickkiste für Textaufgaben

Textaufgaben sind zunächst nichts anderes als in **Aufsatzform umschriebene Aufgaben,** bei denen du den **Lösungsansatz zuerst mathematisch formulieren** mußt.

Trick 1: In der Aufgabe sind immer alle benötigten Angaben vorhanden.

Trick 2: Jede Angabe von Zahlen ist zu verwenden.

Trick 3: Wenn verschiedene Maßeinheiten in einer Textaufgabe auftauchen, ist es oft sinnvoll, alle Maßzahlen in eine Einheit umzuwandeln.

Trick 4: In der Formulierung gibt es Hinweiswörter, die dir weiterhelfen.

Trick 5: Du kannst dir viele Textaufgaben bildlich vorstellen und so den Lösungsansatz finden.

Trick 6: Textaufgaben sind manchmal erst durch mehrere Zwischenrechnungen zu lösen oder beinhalten mehrere Fragen.

Trick 7: Versuche durch eigene Formulierungen, dir die Fragen zu verdeutlichen.

Jetzt schau dir einige Tricks einmal genauer an.

Trickreiche Textaufgaben
LÖSUNGSANSÄTZE

Einige Tricks unter der Lupe

Die folgende Textaufgabe enthält echte Brüche. Lies die Textaufgabe zuerst genau durch:

Nach einer Geburtstagsfeier bleibt ein Kuchen übrig. Paul nimmt $\frac{1}{6}$ mit nach Hause. Fritz nimmt $\frac{1}{4}$ des Kuchens mit. Der Rest bleibt beim Geburtstagskind Udo.

Welche Zahlenangaben hast du gelesen? Trage sie ein:

Gegeben: Fritz _____, Paul _____, _____ Kuchen

Formuliere die Frage selbständig: _____

Jetzt geht es darum, den **Lösungsansatz** zu finden. Dazu hilft dir ein Wort im Text: _____

Ein Rest deutet auf etwas „Übriggebliebenes" hin. Vorher ist mehr als der Rest da, also muß etwas abgezogen werden. Der Lösungsansatz beinhaltet folglich eine Subtraktion, damit du einen Rest erhältst. Jetzt kannst du den Lösungsansatz formulieren:

_____ – _____ – _____ = 1 – (_____ + _____) = _____

Antwort: _____

Du siehst, die Tricks können dir beim Lösen der Textaufgabe weiterhelfen. Die Frage ist oben bewußt weggelassen worden, damit du erkennst, daß die Frage auch von dir stammen kann.

■ Übung ■

Versuche, die folgende Textaufgabe nun selbst mit den Tricks zu lösen:

Bei einer Theatervorstellung werden $\frac{3}{5}$ der Karten für Dauerbesucher reserviert. $\frac{1}{4}$ wird vor Beginn der Aufführung verkauft. Der Rest ist für Schüler und Studenten gedacht.

Gegeben: _____

Frage: _____?

Rechnung: _____

Trick 5 unter der Lupe

Der Trick 5 kann besonders bei Textaufgaben, die an Probleme des Alltags „angelehnt" sind, hilfreich sein. Zwar bist du kein Bauer, der sein Feld für Hafer, Gerste und Weizen einteilen muß, jedoch kannst du es dir sicher vorstellen und den Lösungsansatz dann finden. Probiere es doch am Beispiel der nächsten Textaufgabe aus:
Ein Bauer muß für die Saat seine Ackerfläche einteilen. Auf der einen Hälfte werden Kartoffeln angebaut. Welche Bruchteile nehmen Hafer, Gerste und Weizen ein, wenn der Hafer $\frac{1}{5}$ und die Gerste $\frac{3}{10}$ der anderen Hälfte beanspruchen?

Ackerfläche	
Kartoffeln	Hafer
	Gerste
	Weizen

Du kannst dir die Textaufgabe ungefähr so vorstellen:
„Ein Bauer muß für die Saat seine Ackerfläche einteilen."

„Auf der einen Hälfte werden Kartoffeln angebaut."

„Welche Bruchteile nehmen Hafer, Gerste und Weizen ein, wenn der Hafer $\frac{1}{5}$ und die Gerste $\frac{3}{10}$ der anderen Hälfte beanspruchen?"

Versuche, dem Bauern bei der Einteilung seiner Ackerfläche zu helfen!

Bevor du weiterliest, schau dir die vorhergehenden Überlegungen noch einmal in Ruhe an, und versuche, den Lösungsansatz zu formulieren.

Trickreiche Textaufgaben
TRICK 5

Lösung:
„Hier muß ich multiplizieren, da von einem Bruch wieder Anteile gesucht werden. $\frac{1}{2} \cdot \frac{1}{5} = \frac{1}{10}$ für Hafer. $\frac{1}{2} \cdot \frac{3}{10} = \frac{3}{20}$ für Gerste. Das sind zusammen $\frac{1}{10} + \frac{3}{20} = \frac{5}{20} = \frac{1}{4}$. Daher ist von der ganzen Ackerfläche $1 - (\frac{1}{2} + \frac{1}{4}) = \frac{1}{4}$ für Weizen übrig."

Versuche jetzt, die folgende Textaufgabe mit eigenen Skizzen zu lösen:
In einem zu begrünenden Park sollen $\frac{2}{3}$ der Fläche für Rasen und der Rest für Wege, einen See und Blumen vorgesehen werden. $\frac{1}{5}$ des Restes benötigt man für die Wege. Der See nimmt $\frac{1}{3}$ des Restes in Anspruch. Welcher Bruchteil von der Gesamtfläche des Parks verbleibt für die Aussaat von Blumen?

Lösungsansatz:

Trick 4 und die Hinweiswörter

Bei Textaufgaben findest du häufig **Hinweiswörter** zur Lösung der Aufgabe. Das Wort „Rest" in der ersten Textaufgabe von Seite 157 ist ein solches Wort. Ein Hinweiswort beinhaltet also **Informationen** über den gesuchten Lösungsansatz. Insbesondere bei den Zahlenrätseln und bei Aufgaben, bei denen du einen Rechenausdruck (Term) zur Berechnung aufstellen mußt, ist das Erkennen der Hinweiswörter und deren **mathematische Umsetzung** wichtig. Oft werden als Hinweiswörter die mathematischen Begriffe verwendet, die bereits in der Einleitung auf Seite 101 zusammengestellt wurden. Daneben gibt es auch „umgangssprachliche" Begriffe für einzelne mathematische Zeichen:

„=" ist gleich, entspricht, genausoviel, genau so groß (breit, lang …)
„+" dazu kommt, erhöht sich um, vermehrt um
„−" wird abgezogen, erniedrigt sich, vermindert
„·"   Vielfaches, doppelt (dreifach, vierfach …) so groß wie
„:" Anteil, halb (ein Drittel, Viertel …) so groß

Die Aufstellung ist sicherlich noch nicht vollständig, und du kannst sie für dich weiter ergänzen.

Die folgende Textaufgabe enthält einige Hinweiswörter:
Vermindere die Summe von $\frac{1}{4}$ und $\frac{2}{7}$ um das Dreifache von $\frac{1}{9}$.

Zur Lösung der Aufgabe ist es wichtig, die Hinweiswörter zu entdecken und anschließend „mathematisch" zu formulieren. Der gesuchte Rechenausdruck ergibt sich dann fast automatisch.

Aha, *vermindere* bedeutet eine Subtraktion.

$3 \cdot \frac{1}{9}$ ist das *Dreifache von* $\frac{1}{9}$.

Die *Summe von* $\frac{1}{4}$ *und* $\frac{2}{7}$ ist also $\frac{1}{4} + \frac{2}{7}$.

Ich kombiniere! Der Ansatz zur Lösung des Falles ist: $(\frac{1}{4} + \frac{2}{7}) - 3 \cdot \frac{1}{9}$.

Lösung: _____

Trickreiche Textaufgaben
TRICK 4

Bei der nächsten Aufgabe kannst du nun selbst „Detektiv" spielen.
Vermehre den Quotienten aus dem Doppelten von 4,2 und dem Dreifachen von 2,5 um 1,7.
Wie lauten in diesem Satz die Hinweiswörter und deren mathematische Bedeutung?

_____

_____

Füge nun die Hinweise zum gesuchten Lösungsansatz zusammen:

Ansatz: _____

Lösung: _____

Neben diesen „Zahlenrätseln" findest du noch weitere Aufgaben, bei denen Hinweiswörter eine wichtige Rolle spielen. Die folgende Textaufgabe beinhaltet Maßeinheiten. Die Hinweiswörter sind hervorgehoben.

Ein Regenüberlaufbecken faßt 1200 m³. Nach einem normalen Sommerregen ist es zu $\frac{1}{5}$ gefüllt. Nach einem Unwetter muß **noch** $\frac{7}{3}$ eines Sommerregens **dazugerechnet** werden. Wieviel m³ Wasser hat nach einem Unwetter noch **Platz** im Regenüberlaufbecken?

Hier findest du eine Textaufgabe mit Maßeinheiten.

Lösungsweg:
1. Füllung nach einem Sommerregen:
   $1200 \text{ m}^3 \cdot \frac{1}{5} = 240 \text{ m}^3$
2. $\frac{7}{3}$ eines Sommerregens müssen dazugerechnet (= addiert) werden:
   $240 \text{ m}^3 + \frac{7}{3} \cdot 240 \text{ m}^3 = 240 \text{ m}^3 + 560 \text{ m}^3 = 800 \text{ m}^3$
3. Wieviel ist nach einem Unwetter noch Platz?
   (Rest → Subtraktion)
   $1200 \text{ m}^3 - 800 \text{ m}^3 = 400 \text{ m}^3$

Antwort: Es haben nach einem Unwetter noch 400 m³ Wasser Platz.

▪ Übungen mit verschiedenen Textaufgaben ▪

Auf diesen Seiten findest du – geordnet – noch einige Textaufgaben zur Übung.

1. Zahlenrätsel:

a) Vermindere den dritten Teil von $\frac{33}{4}$ um 2.

b) Berechne die Summe der Differenz von $\frac{4}{3}$ und $\frac{1}{6}$ und der Differenz von $1\frac{1}{3}$ und $\frac{5}{6}$.

c) Das Vierfache der Differenz von $\frac{1}{3}$ und $\frac{1}{9}$ wird zur Summe von 2 und $\frac{4}{5}$ hinzugefügt.

d) Der Unterschied von $\frac{1}{2}$ und $\frac{1}{5}$ wird durch die Summe dieser Zahlen geteilt. Davon nimmst du dann die Hälfte.

2. Textaufgaben mit Maßeinheiten:

a) Ein Grundstück von 4,02 a Fläche soll mit einem Haus bebaut werden. Die Garage benötigt 28 m² Platz. $\frac{2}{3}$ des gesamten Grundstücks bleibt Garten. Wie groß ist die restliche, bebaubare Fläche?

b) Ein bestimmter LKW kann maximal 10 t Fracht befördern. Mit Anhänger kann er insgesamt 18 t befördern. Um welchen Anteil erhöht sich die beförderbare Fracht, wenn ein Anhänger benutzt wird?

c) Eine 0,7-l-Sprudelflache ist $\frac{2}{3}$ voll. Wie viele Gläser zu je 0,2 l können vollgefüllt werden?

d) Bernhard hat einen 3,4 km langen Schulweg. $\frac{4}{5}$ davon legt er mit dem Bus zurück. Wie viele m läuft er zu Fuß?

Ein LKW mit Frachtgut auf Achse

Trickreiche Textaufgaben
ÜBUNGEN

■ Textaufgaben mit mehreren Fragen ■

Oft hast du auch Textaufgaben, bei denen mehrere Fragen nacheinander zu beantworten sind. Versuche, bei solchen Aufgaben die Reihenfolge der Fragen in der Rechnung einzuhalten. Zum einen wird dann keine Frage „vergessen", und zum anderen hilft dir häufig die Reihenfolge der Fragen bei deinen Überlegungen zum Lösungsansatz.

Die folgenden Textaufgaben beinhalten nun mehrere Fragen:

1. Frau Meyer will für ihr Wohnzimmer $7\frac{1}{2}$ m Dekorationsstoff kaufen. Der Verkäufer zeigt ihr Stoffe zu 10,80 DM und 15,80 DM je Meter.
   a) Wieviel müßte sie jeweils bezahlen?
   b) Sie entscheidet sich für den Stoff zu 15,80 DM und bezahlt mit einem 200-DM-Schein. Wieviel erhält sie als Wechselgeld zurück?

2. 1 m³ Kohle wiegt etwa $\frac{4}{5}$ t.
   a) Wie viele m³ Kohle kann ein Schiff mit 18 t Nutzlast fassen?
   b) Das Schiff wird in $1\frac{1}{4}$ Stunden ausgeladen. Wie viele m³ werden stündlich entladen?
   c) Wie oft muß ein LKW mit 2,5 t Nutzlast in jeder Stunde fahren?

3. Bei einer Hauptversammlung eines Vereins fehlen $\frac{1}{6}$ der Mitglieder wegen Krankheit und $\frac{1}{5}$ aus anderen Gründen.
   a) Kann ein wichtiger Beschluß gefaßt werden, wenn mindestens $\frac{2}{3}$ der Mitglieder anwesend sein müssen?
   b) Wie viele Mitglieder dürfen höchstens krank sein, wenn der Verein 80 Mitglieder umfaßt und mindestens $\frac{1}{4}$ der Mitglieder anwesend sein müssen?

4. Ein kleines Flugzeug verbraucht stündlich 9,5 l Kraftstoff.
   a) Wie groß ist der jährliche Kraftstoffverbrauch, wenn mit dem Flugzeug durchschnittlich $25\frac{1}{2}$ Stunden im Monat geflogen werden?
   b) Der Kraftstoff kostet 1,85 DM/l. Wie hoch sind die jährlichen Ausgaben für Kraftstoff?

LÖSUNGEN

Brüche im Alltag

Seite 100

	2,25	$\frac{11}{4}$	$2\frac{3}{4}$	$3\frac{1}{3}$	$\frac{7}{8}$	0,25	$\frac{2}{3}$
echter Bruch	☐	☐	☐	☐	☒	☐	☒
unechter Bruch	☐	☒	☐	☐	☐	☐	☐
gemischter Bruch	☐	☐	☒	☒	☐	☐	☐
Dezimalbruch	☒	☐	☐	☐	☐	☒	☐

Bestandteile von Brüchen

Seite 105

1. a) $\frac{1}{4}$ ($\frac{2}{8}$) b) $\frac{1}{2}$ ($\frac{4}{8}$) c) $\frac{1}{8}$ d) $\frac{3}{4}$ ($\frac{6}{8}$)

2. a) $\frac{1}{16}$ b) $\frac{1}{7}$ c) $\frac{1}{9}$ d) $\frac{1}{5}$

3. a) $\frac{5}{12}$ b) $\frac{5}{8}$ c) $\frac{7}{12}$

Seite 107

1. a), b), c), d)

2. a) 7 Teile von $\frac{1}{4}$-Stücken: $\frac{7}{4} = 1\frac{3}{4}$

   b) 11 Teile von $\frac{1}{6}$-Stücken: $\frac{11}{6} = 1\frac{5}{6}$

   c) 5 Teile von $\frac{1}{3}$-Stücken: $\frac{5}{3} = 1\frac{2}{3}$

3. $\frac{7}{4}$ $\frac{9}{7}$ $\frac{3}{2}$ $\frac{13}{12}$

   $\frac{5}{5}$ und $\frac{7}{7}$ sind beide die natürliche Zahl 1 und können somit nicht als gemischter Bruch geschrieben werden. Immer wenn der Nenner ohne Rest in dem Zähler enthalten ist, liegt als Wert des Bruchs eine natürliche Zahl vor.

4.

	gemischter Bruch	natürliche Zahl
$\frac{7}{6}$	☒	☐
$\frac{25}{5}$	☐	☒
$\frac{9}{3}$	☐	☒
$\frac{5}{4}$	☒	☐
$\frac{125}{25}$	☐	☒

Seite 111

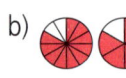

1. a), b), c)

2. a) $\frac{3}{6} = \frac{1}{2}$ b) $\frac{6}{15} = \frac{2}{5}$ c) $\frac{6}{27} = \frac{2}{9}$ d) $\frac{12}{39} = \frac{4}{13}$

3. a) $\frac{8}{14} = \frac{4}{7}$ b) $\frac{9}{27} = \frac{1}{3}$ c) $\frac{25}{100} = \frac{1}{4}$ d) $\frac{35}{56} = \frac{5}{8}$

   e) $\frac{10}{15} = \frac{2}{3}$ f) $\frac{12}{18} = \frac{2}{3}$ g) $\frac{14}{18} = \frac{7}{9}$ h) $\frac{12}{48} = \frac{1}{4}$

4. a) $\frac{24}{40} = \frac{3}{5}$ b) $\frac{16}{18} = \frac{8}{9}$ c) $\frac{9}{72} = \frac{1}{8}$ d) $\frac{24}{56} = \frac{3}{7}$

Seite 113

1. a), b), c), d)

2. a) $\frac{7}{9} = \frac{35}{45}$ b) $\frac{8}{25} = \frac{5}{125} = \frac{40}{125}$ c) $\frac{5}{13} = \frac{25}{65}$ d) $\frac{4}{21} = \frac{5}{105} = \frac{20}{105}$

3. a) $\frac{7}{50} = \frac{2}{100} = \frac{14}{100}$ b) $\frac{6}{7} = \frac{4}{28} = \frac{24}{28}$ c) $\frac{5}{8} = \frac{6}{48} = \frac{30}{48}$ d) $\frac{1}{35} = \frac{3}{105} = \frac{3}{105}$

4. a) $\frac{4}{9} = \frac{16}{36}$ b) $\frac{5}{8} = \frac{45}{72}$ c) $\frac{6}{17} = \frac{54}{153}$ d) $\frac{9}{25} = \frac{81}{225}$

Seite 115

1. a) Zahlenstrahl: 0, $\frac{1}{8}$, $\frac{1}{4}$, $\frac{3}{8}$, $\frac{1}{2}$, $\frac{5}{8}$, $\frac{3}{4}$, $\frac{7}{8}$, 1

   b) Zahlenstrahl: 0, $\frac{1}{9}$, $\frac{2}{9}$, $\frac{1}{3}$, $\frac{4}{9}$, $\frac{5}{9}$, $\frac{2}{3}$, $\frac{7}{9}$, $\frac{8}{9}$, 1

2. a) $\frac{1}{2} < \frac{3}{2}$ b) $\frac{4}{5} < \frac{6}{5}$ c) $\frac{7}{8} > \frac{3}{8}$

   d) $\frac{11}{20} > \frac{7}{20}$ e) $\frac{7}{51} > \frac{6}{51}$

3.

	w	f
a) $\frac{5}{7} > \frac{6}{7}$	☐	☒
b) $\frac{10}{21} < \frac{5}{21}$	☐	☒
c) $\frac{27}{32} > \frac{28}{32}$	☐	☒
d) $\frac{45}{47} < \frac{46}{47}$	☒	☐

Lösungen
SEITE 100–123

4. a) $\frac{2}{7} < \frac{2}{5}$ b) $\frac{3}{10} > \frac{3}{13}$ c) $\frac{7}{17} > \frac{7}{22}$

d) $\frac{13}{31} < \frac{13}{25}$ e) $\frac{47}{105} < \frac{47}{98}$

Grundrechenarten mit Brüchen

Seite 119

1. a) $\frac{6}{7} \cdot \frac{3}{5} = \frac{18}{35}$ b) $\frac{4}{9} \cdot \frac{3}{7} = \frac{4}{21}$ *   c) $\frac{11}{12} \cdot \frac{4}{5} = \frac{11}{15}$ *

d) $\frac{7}{13} \cdot \frac{8}{15} = \frac{56}{195}$ e) $\frac{18}{19} \cdot \frac{9}{10} = \frac{81}{95}$ *

* Hier konntest du kürzen.

2. a) $\frac{4}{15} \cdot \frac{3}{5} = \frac{4}{25}$ *   b) $\frac{7}{8} \cdot \frac{4}{9} = \frac{7}{18}$ *   c) $\frac{10}{19} \cdot \frac{9}{17} = \frac{162}{323}$

d) $\frac{20}{27} \cdot \frac{9}{16} = \frac{5}{12}$ *   e) $\frac{1}{25} \cdot \frac{50}{63} = \frac{2}{63}$ *

* Hier konntest du kürzen.

3. a) $6 \cdot \frac{5}{7} = \frac{30}{7} = 4\frac{2}{7}$ b) $\frac{3}{1} \cdot \frac{8}{9} = \frac{8}{3} = 2\frac{2}{3}$ *

c) $11 \cdot \frac{12}{13} = \frac{132}{13} = 10\frac{2}{13}$ d) $\frac{15}{1} \cdot \frac{7}{10} = \frac{21}{2} = 10\frac{1}{2}$ *

e) $\frac{16}{1} \cdot \frac{15}{19} = \frac{240}{19} = 12\frac{12}{19}$

* Hier konntest du kürzen.

4. [Pyramide mit Brüchen]

Reihe oben: $\frac{1}{90}$, $\frac{3}{100}$

$\frac{1}{15}$, $\frac{1}{6}$, $\frac{1}{5}$, $\frac{3}{20}$

$\frac{1}{5}$, $\frac{1}{3}$, $\frac{1}{2}$, $\frac{1}{3}$, $\frac{3}{5}$, $\frac{1}{4}$

$\frac{1}{3}$, $\frac{3}{5}$, $\frac{5}{9}$, $\frac{9}{10}$, $\frac{1}{2}$, $\frac{2}{3}$, $\frac{9}{10}$, $\frac{5}{18}$

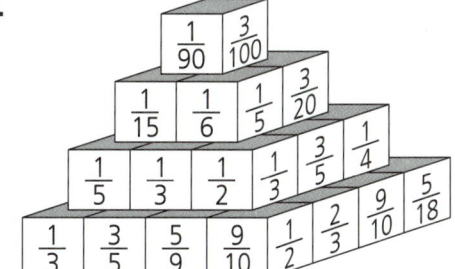

Seite 121

1. a) $\frac{6}{7} \cdot \frac{1}{2} = \frac{3}{7}$ b) $\frac{8}{11} \cdot \frac{1}{3} = \frac{8}{33}$

c) $\frac{14}{15} \cdot \frac{1}{7} = \frac{2}{15}$ d) $\frac{10}{11} \cdot \frac{1}{5} = \frac{2}{11}$

e) $\frac{9}{13} \cdot \frac{1}{9} = \frac{1}{13}$

2. a) $\frac{3}{4} \cdot \frac{10}{9} = \frac{5}{6}$ b) $\frac{7}{8} \cdot \frac{16}{7} = \frac{2}{1} = 2$

c) $\frac{10}{11} \cdot \frac{33}{20} = \frac{3}{2}$ d) $\frac{14}{25} \cdot \frac{75}{42} = \frac{3}{3} = 1$

e) $\frac{96}{105} \cdot \frac{35}{12} = \frac{8}{3} = 2\frac{2}{3}$

3. a) $\frac{7}{2} : \frac{11}{4} = \frac{7}{2} \cdot \frac{4}{11} = \frac{14}{11} = 1\frac{3}{11}$

b) $\frac{41}{10} : \frac{7}{2} = \frac{41}{10} \cdot \frac{2}{7} = \frac{41}{35} = 1\frac{6}{35}$

c) $\frac{7}{3} : \frac{6}{5} = \frac{7}{3} \cdot \frac{5}{6} = \frac{35}{18} = 1\frac{17}{18}$

d) $\frac{31}{6} : \frac{25}{6} = \frac{31}{6} \cdot \frac{6}{25} = \frac{31}{25} = 1\frac{6}{25}$

e) $\frac{29}{2} : \frac{29}{4} = \frac{29}{2} \cdot \frac{4}{29} = \frac{2}{1} = 2$

4. a) $\frac{10}{1} \cdot \frac{2}{5} = \frac{4}{1} = 4$

b) $\frac{12}{1} \cdot \frac{9}{4} = \frac{27}{1} = 27$

c) $\frac{15}{1} \cdot \frac{9}{8} = \frac{135}{8} = 16\frac{7}{8}$

d) $\frac{20}{1} \cdot \frac{11}{10} = \frac{22}{1} = 22$

e) $\frac{24}{1} \cdot \frac{11}{8} = \frac{33}{1} = 33$

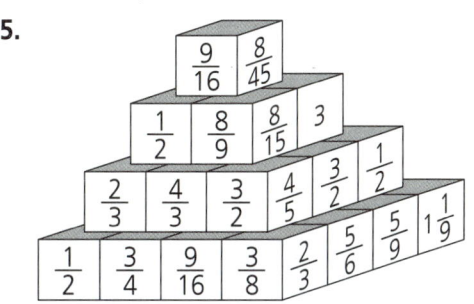

5. [Pyramide mit Brüchen]

$\frac{9}{16}$, $\frac{8}{45}$

$\frac{1}{2}$, $\frac{8}{9}$, $\frac{8}{15}$, 3

$\frac{2}{3}$, $\frac{4}{3}$, $\frac{3}{2}$, $\frac{4}{5}$, $\frac{3}{2}$, $\frac{1}{2}$

$\frac{1}{2}$, $\frac{3}{4}$, $\frac{9}{16}$, $\frac{3}{8}$, $\frac{2}{3}$, $\frac{5}{6}$, $\frac{5}{9}$, $1\frac{1}{9}$

Seite 123

Betrachte die folgende Abbildung als Hilfe:

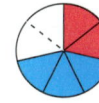

$\frac{2}{7} + \frac{3}{7} = \frac{5}{7}$

1. a) $\frac{2}{3} + \frac{4}{3} = \frac{2+4}{3} = \frac{6}{3} = 2$

b) $\frac{5}{6} + \frac{7}{6} = \frac{5+7}{6} = \frac{12}{6} = 2$

c) $\frac{8}{9} + \frac{11}{9} = \frac{8+11}{9} = \frac{19}{9} = 2\frac{1}{9}$

d) $\frac{3}{25} + \frac{6}{25} = \frac{3+6}{25} = \frac{9}{25}$

e) $\frac{25}{26} + \frac{31}{26} = \frac{25+31}{26} = \frac{56}{26} = \frac{28}{13} = 2\frac{2}{13}$

f) $\frac{50}{77} + \frac{76}{77} = \frac{50+76}{77} = \frac{126}{77} = 1\frac{49}{77}$

2. a) $\frac{2 \cdot 4}{5 \cdot 4} + \frac{3 \cdot 5}{4 \cdot 5} = \frac{8}{20} + \frac{15}{20} = \frac{8+15}{20} = \frac{23}{20} = 1\frac{3}{20}$

b) $\frac{1 \cdot 7}{6 \cdot 7} + \frac{3 \cdot 6}{7 \cdot 6} = \frac{7}{42} + \frac{18}{42} = \frac{7+18}{42} = \frac{25}{42}$

c) $\frac{9 \cdot 11}{10 \cdot 11} + \frac{6 \cdot 10}{11 \cdot 10} = \frac{99}{110} + \frac{60}{110} = \frac{99+60}{110}$

$= \frac{159}{110} = 1\frac{49}{110}$

165

d) $\frac{8\cdot 2}{13\cdot 2} + \frac{1}{26} = \frac{16}{26} + \frac{1}{26} = \frac{16+1}{26} = \frac{17}{26}$

e) Primfaktorenzerlegung der einzelnen
Nenner: $14 = 2 \cdot 7 \quad 21 = 3 \cdot 7$
Hauptnenner: $2 \cdot 7 \cdot 3 = 42$
$\frac{5\cdot 3}{14\cdot 3} + \frac{4\cdot 2}{21\cdot 2} = \frac{15}{42} + \frac{8}{42} = \frac{23}{42}$

f) Primfaktorenzerlegung:
$8 = 2 \cdot 2 \cdot 2 \quad 12 = 2 \cdot 2 \cdot 3$
Hauptnenner: $2 \cdot 2 \cdot 2 \cdot 3 = 24$
$\frac{7\cdot 3}{8\cdot 3} + \frac{5\cdot 2}{12\cdot 2} = \frac{21}{24} + \frac{10}{24} = \frac{21+10}{24} = \frac{31}{24} = 1\frac{7}{24}$

Seite 125

1. a) $\frac{7-5}{8} = \frac{2}{8} = \frac{1}{4}$ b) $\frac{5-1}{6} = \frac{4}{6} = \frac{2}{3}$

c) $\frac{8-5}{11} = \frac{3}{11}$ d) $\frac{15-7}{16} = \frac{8}{16} = \frac{1}{2}$

e) $\frac{31-27}{44} = \frac{4}{44} = \frac{1}{11}$

2. a) $\frac{2\cdot 2}{3\cdot 2} - \frac{1}{6} = \frac{4}{6} - \frac{1}{6} = \frac{4-1}{6} = \frac{3}{6} = \frac{1}{2}$

b) Primfaktorenzerlegung:
$9 = 3 \cdot 3 \quad 6 = 2 \cdot 3$
Hauptnenner: $3 \cdot 3 \cdot 2 = 18$
$\frac{4\cdot 2}{9\cdot 2} - \frac{1\cdot 3}{6\cdot 3} = \frac{8}{18} - \frac{3}{18} = \frac{8-3}{18} = \frac{5}{18}$

c) $\frac{3\cdot 2}{7\cdot 2} - \frac{1}{14} = \frac{6}{14} - \frac{1}{14} = \frac{6-1}{14} = \frac{5}{14}$

d) $\frac{1\cdot 13}{2\cdot 13} - \frac{1\cdot 2}{13\cdot 2} = \frac{13}{26} - \frac{2}{26} = \frac{13-2}{26} = \frac{11}{26}$

e) $\frac{2\cdot 11}{3\cdot 11} - \frac{1\cdot 3}{11\cdot 3} = \frac{22}{33} - \frac{3}{33} = \frac{22-3}{33} = \frac{19}{33}$

3. a) $6 - 4 + \frac{1}{18} - \frac{7}{18} = 1 + \frac{19}{18} - \frac{7}{18} = 1 + \frac{12}{18} = 1\frac{2}{3}$

b) $0 + \frac{3}{19} - \frac{2}{19} = \frac{1}{19}$

c) $0 + \frac{7}{11} - \frac{2}{11} = \frac{5}{11}$

d) $0 + \frac{6}{7} - \frac{4}{7} = \frac{2}{7}$

e) $1 + \frac{1}{20} - \frac{2}{20} = \frac{21}{20} - \frac{2}{20} = \frac{19}{20}$

4. a) $1 + \frac{1}{5} - \frac{2}{3} = 1 + \frac{3}{15} - \frac{10}{15} = \frac{18}{15} - \frac{10}{15} = \frac{8}{15}$

b) $3 + \frac{2}{3} - \frac{4}{9} = 3 + \frac{6}{9} - \frac{4}{9} = 3 + \frac{2}{9} = 3\frac{2}{9}$

c) $5 + \frac{3}{20} - \frac{4}{5} = 5 + \frac{3}{20} - \frac{16}{20} = 4 + \frac{23}{20} - \frac{16}{20} = 4\frac{7}{20}$

d) $1 + \frac{7}{25} - \frac{9}{20} = 1 + \frac{28}{100} - \frac{45}{100} = \frac{128}{100} - \frac{45}{100} = \frac{83}{100}$

e) $2 + \frac{3}{10} - \frac{2}{15} = 2 + \frac{9}{30} - \frac{4}{30} = 2 + \frac{5}{30}$
$= 2\frac{5}{30} = 2\frac{1}{6}$

5. a) $\frac{6-4}{7} = \frac{2}{7}$

b) $5 - \frac{1}{5} = 4 + \frac{5}{5} - \frac{1}{5} = 4 + \frac{4}{5} = 4\frac{4}{5}$

c) $\frac{6\cdot 10}{11\cdot 10} - \frac{3\cdot 11}{10\cdot 11} = \frac{60}{110} - \frac{33}{110} = \frac{27}{110}$

d) $15 - \frac{3}{8} = 14 + \frac{8}{8} - \frac{3}{8} = 14 + \frac{5}{8} = 14\frac{5}{8}$

e) $0 + \frac{3}{5} = \frac{3}{5}$

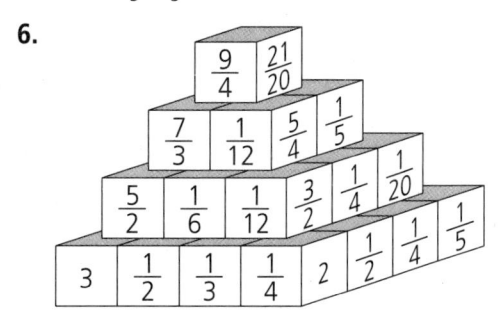

6.

				$\frac{9}{4}$	$\frac{21}{20}$	
		$\frac{7}{3}$	$\frac{1}{12}$	$\frac{5}{4}$	$\frac{1}{5}$	
	$\frac{5}{2}$	$\frac{1}{6}$	$\frac{1}{12}$	$\frac{3}{2}$	$\frac{1}{4}$	$\frac{1}{20}$
3	$\frac{1}{2}$	$\frac{1}{3}$	$\frac{1}{4}$	2	$\frac{1}{2}$	$\frac{1}{4}$	$\frac{1}{5}$

Seite 129

1. a) $\left(\frac{2}{3} + \frac{3}{4}\right) : \frac{9}{2} = \frac{17}{12} : \frac{9}{2} = \frac{17}{12} \cdot \frac{2}{9} = \frac{17}{54}$

b) $\left(\frac{5}{4} + \frac{6}{7}\right) \cdot \frac{2}{7} = \frac{59}{28} \cdot \frac{2}{7} = \frac{59}{98}$

c) $\left(\frac{7}{4} - \frac{3}{2}\right) \cdot \left(3 + \frac{7}{8}\right) = \left(\frac{1}{4}\right) \cdot \left(\frac{31}{8}\right) = \frac{31}{32}$

d) $\left(\frac{8}{5} - \frac{3}{10}\right) : \frac{3}{4} = \frac{13}{10} : \frac{3}{4} = \frac{13}{10} \cdot \frac{4}{3} = \frac{26}{15} = 1\frac{11}{15}$

2. a) $\frac{\frac{1}{2}}{\frac{2}{3}} = \frac{1}{2} \cdot \frac{4}{3} = \frac{2}{3}$
$\frac{1}{4}$

b) $\frac{\frac{36}{25}}{\frac{8}{5}} = \frac{36}{25} \cdot \frac{5}{8} = \frac{9}{10}$

c) $\frac{\frac{4}{6} + 3}{\frac{1}{2} + \frac{5}{4}} = \frac{\frac{22}{6}}{\frac{7}{4}} = \frac{22}{6} \cdot \frac{4}{7} = \frac{44}{21} = 2\frac{2}{21}$

d) $\frac{5 - \frac{3}{7}}{\frac{3}{2} + \frac{1}{7}} = \frac{\frac{32}{7}}{\frac{23}{14}} = \frac{32}{7} \cdot \frac{14}{23} = \frac{64}{23} = 2\frac{18}{23}$

Seite 132

Multiplikation

1. a) $\frac{3}{4} \cdot \frac{5}{7} = \frac{15}{28}$ b) $\frac{7}{8} \cdot \frac{5}{11} = \frac{35}{88}$

c) $\frac{9}{5} \cdot \frac{3}{4} = \frac{27}{20} = 1\frac{7}{20}$ d) $\frac{\cancel{13}^1}{\cancel{15}_5} \cdot \frac{\cancel{3}^1}{\cancel{52}_4} = \frac{1}{20}$

e) $\frac{\cancel{27}^3}{\cancel{20}_4} \cdot \frac{\cancel{105}^{21}}{\cancel{117}_{13}} = \frac{63}{52} = 1\frac{11}{52}$

2. a) $\frac{7}{\cancel{4}_1} \cdot \cancel{32}^8 = 56$

b) $\frac{78}{\cancel{105}_{21}} \cdot \cancel{190}^{38} = \frac{\cancel{78}^{26}}{\cancel{21}_7} \cdot 38 = \frac{26}{7} \cdot 38 = \frac{988}{7} = 141\frac{1}{7}$

c) $102 \cdot 1\frac{9}{68} = \cancel{102}^{51} \cdot \frac{77}{\cancel{68}_{34}} = \cancel{51}^3 \cdot \frac{77}{\cancel{34}_7} = \frac{231}{2} = 115\frac{1}{2}$

d) $2\frac{3}{4} \cdot 1\frac{3}{5} = \frac{11}{\cancel{4}_1} \cdot \frac{\cancel{8}^2}{5} = \frac{22}{5} = 4\frac{2}{5}$

e) $6\frac{1}{6} \cdot 3\frac{33}{37} = \frac{\cancel{37}^1}{\cancel{6}_1} \cdot \frac{\cancel{144}^{24}}{\cancel{37}_1} = 24$

Division

1. a) $\frac{3}{4} : \frac{5}{2} = \frac{3}{\cancel{4}_2} \cdot \frac{\cancel{2}^1}{5} = \frac{3}{10}$

b) $\frac{5}{6} : \frac{20}{3} = \frac{\cancel{5}^1}{\cancel{6}_2} \cdot \frac{\cancel{3}^1}{\cancel{20}_4} = \frac{1}{8}$

c) $\frac{39}{4} : \frac{8}{13} = \frac{39}{4} \cdot \frac{13}{8} = \frac{507}{32} = 15\frac{27}{32}$

d) $\frac{95}{24} : \frac{25}{36} = \frac{\cancel{95}^{19}}{\cancel{24}_2} \cdot \frac{\cancel{36}^3}{\cancel{25}_5} = \frac{57}{10} = 5\frac{7}{10}$

e) $\frac{132}{44} : \frac{99}{77} = \frac{\cancel{132}^{44}}{44} \cdot \frac{\cancel{77}^7}{\cancel{99}_9} = \frac{\cancel{44}^1}{\cancel{44}_1} \cdot \frac{7}{3} = \frac{7}{3} = 2\frac{1}{3}$

2. a) $\frac{60}{13} : 15 = \frac{\cancel{60}^4}{13} \cdot \frac{1}{\cancel{15}_1} = \frac{4}{13}$

b) $5 : \frac{25}{8} = \cancel{5}^1 \cdot \frac{8}{\cancel{25}_5} = \frac{8}{5} = 1\frac{3}{5}$

c) $7\frac{7}{8} : 21 = \frac{\cancel{63}^3}{8} \cdot \frac{1}{\cancel{21}_1} = \frac{3}{8}$

d) $3\frac{5}{7} : 2\frac{11}{14} = \frac{26}{7} : \frac{39}{14} = \frac{\cancel{26}^2}{\cancel{7}_1} \cdot \frac{\cancel{14}^2}{\cancel{39}_3} = \frac{4}{3} = 1\frac{1}{3}$

e) $8\frac{7}{11} : 11\frac{7}{8} = \frac{95}{11} : \frac{95}{8} = \frac{\cancel{95}^1}{11} \cdot \frac{8}{\cancel{95}_1} = \frac{8}{11}$

Addition

1. a) $\frac{2}{21} + \frac{5}{21} = \frac{\cancel{7}^1}{\cancel{21}_3} = \frac{1}{3}$

b) $\frac{3}{4} + \frac{5}{8} = \frac{6}{8} + \frac{5}{8} = \frac{11}{8} = 1\frac{3}{8}$

c) $\frac{5}{6} + \frac{5}{2} = \frac{5}{6} + \frac{15}{6} = \frac{\cancel{20}^{10}}{\cancel{6}_3} = \frac{10}{3} = 3\frac{1}{3}$

d) $\frac{5}{6} + \frac{1}{5} = \frac{25}{30} + \frac{6}{30} = \frac{31}{30} = 1\frac{1}{30}$

e) $\frac{7}{3} + \frac{5}{42} = \frac{98}{42} + \frac{5}{42} = \frac{103}{42} = 2\frac{19}{42}$

2. a) $\frac{1}{8} + 3\frac{1}{24} = \frac{3}{24} + \frac{73}{24} = \frac{\cancel{76}^{19}}{\cancel{24}_6} = \frac{19}{6} = 3\frac{1}{6}$

b) $\frac{7}{10} + 1\frac{5}{12} = \frac{42}{60} + \frac{85}{60} = \frac{127}{60} = 2\frac{7}{60}$

c) $4\frac{11}{14} + 1\frac{29}{42} = \frac{67}{14} + \frac{71}{42} = \frac{201}{42} + \frac{71}{42} = \frac{\cancel{272}^{136}}{\cancel{42}_{21}}$
$= \frac{136}{21} = 6\frac{10}{21}$

d) $1\frac{1}{8} + 1\frac{15}{24} = \frac{27}{24} + \frac{39}{24} = \frac{\cancel{66}^{11}}{\cancel{24}_4} = \frac{11}{4} = 2\frac{3}{4}$

e) $1\frac{12}{63} + 1\frac{2}{21} = \frac{75}{63} + \frac{69}{63} = \frac{\cancel{144}^{16}}{\cancel{63}_7} = \frac{16}{7} = 2\frac{2}{7}$

Subtraktion

1. a) $\frac{4}{5} - \frac{1}{3} = \frac{12 - 5}{15} = \frac{7}{15}$

b) $\frac{9}{5} - \frac{5}{9} = \frac{81 - 25}{45} = \frac{56}{45} = 1\frac{11}{45}$

c) $\frac{1}{2} - \frac{9}{35} = \frac{35 - 18}{70} = \frac{17}{70}$

d) $\frac{5}{21} - \frac{5}{42} = \frac{10 - 5}{42} = \frac{5}{42}$

e) $\frac{121}{21} - \frac{2}{7} = \frac{121 - 6}{21} = \frac{115}{21} = 5\frac{10}{21}$

2. a) $1\frac{1}{2} - \frac{1}{4} = \frac{3}{2} - \frac{1}{4} = \frac{6 - 1}{4} = \frac{5}{4} = 1\frac{1}{4}$

b) $3\frac{2}{9} - \frac{2}{3} = \frac{29}{9} - \frac{2}{3} = \frac{29 - 6}{9} = \frac{23}{9} = 2\frac{5}{9}$

c) $6\frac{1}{3} - 5\frac{2}{3} = \frac{19 - 17}{3} = \frac{2}{3}$

d) $5\frac{3}{7} - 4\frac{3}{14} = \frac{38}{7} - \frac{59}{14} = \frac{76 - 59}{14} = \frac{17}{14} = 1\frac{3}{14}$

e) $3\frac{2}{5} - 2\frac{3}{7} = \frac{17}{5} - \frac{17}{7} = \frac{119 - 85}{35} = \frac{34}{35}$

Seite 133

Verbindung von Multiplikation und Division

1. a) $\frac{\cancel{2}^1}{7} \cdot \frac{3}{\cancel{8}_4} : \frac{3}{14} = \frac{3}{28} : \frac{3}{14} = \frac{\cancel{3}^1}{\cancel{28}_2} \cdot \frac{\cancel{14}^1}{\cancel{3}_1} = \frac{1}{2}$

b) $\frac{7}{90} : \frac{2}{3} \cdot \frac{14}{5} = \frac{7}{\cancel{90}_{30}} \cdot \frac{\cancel{3}^1}{\cancel{2}_1} \cdot \frac{14}{5} = \frac{49}{150}$

c) $\frac{6}{5} : \frac{3}{10} : \frac{1}{2} = \frac{\cancel{6}^2}{\cancel{5}_1} \cdot \frac{\cancel{10}^2}{\cancel{3}_1} \cdot \frac{2}{1} = \frac{8}{1} = 8$

2. a) $4\frac{5}{6} \cdot \frac{3}{5} : \frac{2}{25} = \frac{29}{\cancel{6}_2} \cdot \frac{\cancel{3}^1}{\cancel{5}_1} \cdot \frac{\cancel{25}^5}{2} = \frac{145}{4} = 36\frac{1}{4}$

b) $1\frac{1}{2} : \frac{5}{6} \cdot 2\frac{5}{7} = \frac{3}{2} : \frac{5}{6} \cdot \frac{19}{7} = \frac{3}{\cancel{2}_1} \cdot \frac{\cancel{6}^3}{5} \cdot \frac{19}{7}$
$= \frac{171}{35} = 4\frac{31}{35}$

c) $\frac{1}{2} : 3 : \frac{4}{3} = \frac{1}{2} \cdot \frac{1}{\cancel{3}_1} \cdot \frac{\cancel{3}^1}{4} = \frac{1}{8}$

Verbindung von Addition und Subtraktion

1. a) HN = 16 $\frac{7}{16} - \frac{6}{16} + \frac{4}{16} = \frac{5}{16}$

   b) HN = 40 $\frac{16}{40} + \frac{5}{40} + \frac{12}{40} = \frac{33}{40}$

   c) HN = 24 $\frac{32}{24} - \frac{21}{24} + \frac{28}{24} = \frac{39}{24} = \frac{13}{8} = 1\frac{5}{8}$

2. a) $\frac{3}{4} + \frac{1}{3} + \frac{7}{4} = \frac{3}{4} + \frac{7}{4} + \frac{1}{3} = \frac{10}{4} + \frac{1}{3} = \frac{5}{2} + \frac{1}{3}$
   $= \frac{15}{6} + \frac{2}{6} = \frac{17}{6} = 2\frac{5}{6}$

   b) $1\frac{1}{6} - \frac{3}{4} + \frac{5}{6} = 1\frac{1}{6} + \frac{5}{6} - \frac{3}{4} = 2 - \frac{3}{4} = 1\frac{1}{4}$

   c) $\frac{5}{9} - \frac{6}{11} + \frac{4}{9} = \frac{5}{9} + \frac{4}{9} - \frac{6}{11} = 1 - \frac{6}{11} = \frac{11-6}{11} = \frac{5}{11}$

Brüche in Termen

1. a) $\frac{3}{4} \cdot (\frac{25}{8}^5 \cdot \frac{2\frac{1}{5}}{1} - \frac{2}{9}) = \frac{3}{4} \cdot (\frac{5}{4} - \frac{2}{9}) = \frac{3}{4} \cdot (\frac{45-8}{36})$
   $= \frac{3}{4}^1 \cdot \frac{37}{36_{12}} = \frac{37}{48}$

   b) $\frac{3}{4} \cdot (\frac{2}{7} + \frac{14}{5}) \cdot \frac{2}{5} = \frac{3}{4_2} \cdot \frac{2^1}{5} \cdot (\frac{2}{7} + \frac{14}{5})$
   $= \frac{3}{10} \cdot (\frac{2}{7} + \frac{14}{5}) = \frac{3}{10} \cdot \frac{10+98}{35} = \frac{3}{10_5} \cdot \frac{108^{54}}{35} = \frac{162}{175}$

   c) $(4\frac{1}{2} \cdot 2\frac{2}{3} - \frac{2}{5}) : \frac{4}{3} = (\frac{9}{2}^3 \cdot \frac{8}{3_1}^4 - \frac{2}{5}) : \frac{4}{3}$
   $= (12 - \frac{2}{5}) : \frac{4}{3} = \frac{58}{5} : \frac{4}{3} = \frac{58}{5}^{29} \cdot \frac{3}{4_2} = \frac{87}{10} = 8\frac{7}{10}$

2. a) $3 - (\frac{15}{30} + \frac{10}{30} + \frac{6}{30}) = 3 - \frac{31}{30} = \frac{90-31}{30} = \frac{59}{30} = 1\frac{29}{30}$

   b) $4\frac{1}{7} - \frac{7}{8} \cdot 2\frac{2}{7} = \frac{29}{7} - \frac{7}{8_1} \cdot \frac{16^2}{7} = \frac{29}{7} - \frac{14}{7} = \frac{15}{7} = 2\frac{1}{7}$

   c) $2 : \frac{1}{2} - \frac{2}{5} \cdot 2 = 2 \cdot \frac{2}{1} - \frac{2 \cdot 2}{5} = 4 - \frac{4}{5} = 3\frac{1}{5}$

   Achtung: „Punkt vor Strich".

3. a) $3\frac{1}{2} \cdot (\frac{5}{3} - \frac{3}{5} : \frac{2}{5})$ b) $3\frac{1}{2} \cdot (\frac{5}{3} + \frac{3}{5}) : \frac{2}{5}$

   a) $\frac{7}{2}$, $\frac{5}{3}$, $\frac{3}{2}$, $\frac{1}{6}$, $\frac{14}{15}$, $\boxed{\frac{7}{12}}$

   b) $\frac{7}{2}$, $\frac{5}{3}$, $2\frac{4}{15}$, $\frac{2}{5}$, $7\frac{14}{15}$, $\boxed{19\frac{5}{6}}$

4. a) $\frac{73}{146} = \frac{1}{2}$ b) $\frac{48}{12} = 4$ c) $\frac{34}{18} = \frac{17}{9} = 1\frac{8}{9}$

   d) $\frac{14}{14} = 1$ e) $\frac{91}{39} = \frac{7}{3} = 2\frac{1}{3}$ f) $\frac{36}{48} = \frac{3}{4}$

Dezimalschreibweise für Brüche

Seite 135

1. Platz: 6,20
2. Platz: 6,17
3. Platz: 6,05
4. Platz: 5,78
5. Platz: 5,74

H	Z	E	,	z	h	t	
		1		7	8	0	$1 + \frac{7}{10} + \frac{8}{100}$
		3		9	6	0	$3 + \frac{9}{10} + \frac{6}{100}$
	1	2		1	3	0	$10 + 2 + \frac{1}{10} + \frac{3}{100}$
		8		7	6	0	$8 + \frac{7}{10} + \frac{6}{100}$
	2	0		3	7	2	$20 + \frac{3}{10} + \frac{7}{100} + \frac{2}{1000}$
1	0	0		2	0	0	$100 + \frac{2}{10}$
3	0	0		6	1	0	$300 + \frac{6}{10} + \frac{1}{100}$

Seite 136

Ergebnis der Rechnung: 22,702

Seite 137

Ergebnis der Rechnung: 6,691

Übungen zur Addition

1.
H	Z	E	,	z	h	t	
				7	5		0,75
				8	2	1	0,821
				6	0	3	0,603

2.
H	Z	E	,	z	h	t	
		3		7	2	1	$3 + \frac{7}{10} + \frac{2}{100} + \frac{1}{1000}$
		5		3	8		$5 + \frac{3}{10} + \frac{8}{100}$
	1	0		7	5		$10 + \frac{7}{10} + \frac{5}{100}$

3. a) 14,999 b) 9,998

Lösungen
SEITE 135–141

4. a) 7,312 + 6,100 + 2,330 = 15,742
b) 8,758 + 12,390 + 7,501 = 28,649
c) 118,710 + 9,500 + 19,999 = 148,209

5. a) 70,00 + 0,70 + 1,23 = 71,93
b) 8,000 + 0,300 + 0,012 = 8,312
c) 21,000 + 7,890 + 7,255 = 36,145

Seite 138

1. a) 8,32 − 7,11 = 1,21
b) 24,596 − 3,483 = 21,113
c) 3,905 − 2,804 = 1,101

2. a) 27,59 − 13,60 = 13,99
b) 33,428 − 7,985 = 25,443
c) 21,200 − 3,591 = 17,609

3. a) NR: 1,001 + 10,100 = 11,101; 18,549 − 11,101 = 7,448
b) NR: 1,320 + 9,753 = 11,073; 17,540 − 11,073 = 6,467
c) NR: 2,102 + 3,763 = 5,865; 8,500 − 5,865 = 2,635

a) 7,25 − 3,78 = 3,47; 9,21 − 3,64 = 5,57; 3,47 + 5,57 = 9,04
b) 7,12 − 6,99 = 0,13; 36,755 + 0,130 + 371,253 = 408,138
c) 2,598 + 1,100 = 3,698; 9,001 + 6,790 + 1,000 = 16,791; 16,791 − 3,698 = 13,093
d) 6,395 + 7,400 = 13,795; 13,795 − 10,000 = 3,795
e) 25,000 − 3,789 = 21,211; 21,211 + 8,321 = 29,532
f) 32,431 + 6,938 = 39,369; 24,100 + 28,060 + 39,369 = 91,529; 100,000 − 91,529 = 8,471

Seite 140

Hier mußt du Nullen anhängen, damit das Komma verschoben werden kann:
2750; 27500; 275000

Seite 139

Aufgabe:
$12,4 - 3,5 + 1,06 - 2,53 + 7,3$
$= 12,4 + 1,06 + 7,3 - 3,5 - 2,53$
$= 12,4 + 1,06 + 7,3 - (3,5 + 2,53)$
$= 20,76 - 6,03 = 14,73$

Nebenrechnungen:
1. 12,40 + 1,06 + 7,30 = 20,76
2. 3,50 + 2,53 = 6,03

Rechnung: 20,76 − 6,03 = 14,73

Seite 141

a) $12,1 \cdot 10 = 121$

b) $67,251 \cdot 3,58$
201753
+ 336255
+ 538008
= 240,75858

c) $15,537 \cdot 14,1$
15537
+ 62148
+ 15537
= 219,0717

d) $123,54 \cdot 6,75$
74124
+ 86478
+ 61770
= 833,8950

e) 116,531 · 100 = 11653,1

f) 25,687 · 3
   77,061

g) 120,391 · 5
   601,955

h) 37,51 · 1000 = 37510

i) 17,18 · 9,765
      15462
   + 12026
   + 10308
   +   8590
   167,76270

Seite 143
1. a) 3 : 0,6 = 30 : 6 = 5
   b) 1 : 0,5 = 10 : 5 = 2
   c) 0,8 : 0,04 = 80 : 4 = 20
   d) 0,25 : 0,5 = 25 : 50 = $\frac{1}{2}$ = 0,5
   e) 3,9 : 1,3 = 39 : 13 = 3
   f) 8 : 1,6 = 80 : 16 = 5

2. 1,2 : 0,5 = 12 : 5 → 2,4 : 15 →
   0,16 : 0,4 = 1,6 : 4 → 0,4 : 0,02
   = 40 : 2 → 20 : 1,6 = 200 : 16 →
   12,5 : 25 → 0,5 : 2,5 = 5 : 25 → 0,2

Seite 144
Summe: 9,96
Anzahl der Summanden (Schüler): 6
Mittelwert: 9,96 : 6 = 1,66
Mittelwert der Größe (durchschnittliche Größe der Schüler): 1,66 m

a) 1,74 km
b) 13,25 ≈ 13 Punkte
c) $35\frac{2}{3}$ ≈ 36 Schrauben

Seite 145
0,65 = 0,65 · 1 = 0,65 · $\frac{100}{100}$ = $\frac{65}{100}$ = $\frac{13}{20}$

1,48 = 1,48 · 1 = 1,48 · $\frac{100}{100}$ = $\frac{148}{100}$ = $\frac{37}{25}$ = $1\frac{12}{25}$

3,64 = 3,64 · $\frac{100}{100}$ = $\frac{364}{100}$ = $\frac{91}{25}$ = $3\frac{16}{25}$

0,24 = 0,24 · $\frac{100}{100}$ = $\frac{24}{100}$ = $\frac{6}{25}$

9,365 = 9,365 · $\frac{1000}{1000}$ = $\frac{9365}{1000}$ = $\frac{1873}{200}$ = $9\frac{73}{200}$

Seite 147
Dezimalbruch: $3,4\overline{6}$ Multiplikation mit 10
Rechnung: $34,6\overline{6}$
                    − $3,4\overline{6}$
                      31,2 → Zähler
Nenner: 10 − 1 = 9
Erweitern mit 10 und kürzen mit 6 (3 · 2).
Ergebnis: $\frac{312}{90} = \frac{52}{15} = 3\frac{7}{15}$

Seite 148
1. wegzulassende Ziffer: 4 → 5,6
1. wegzulassende Ziffer: 7 → 5,65
1. wegzulassende Ziffer: 5 → 5,648

Seite 149
1.
	4,72865	4,99999	4,19635	4,89898
1 Dez.:	4,7	5,0	4,2	4,9
2 Dez.:	4,73	5,00	4,20	4,90
3 Dez.:	4,729	5,000	4,196	4,899
4 Dez.:	4,7287	5,0000	4,1964	4,8990

2. 1,7321; 1,732051; 1,7320508; 1,73205081

3. 2,95 ≤ 3,0 < 3,05
   4,15 ≤ 4,2 < 4,25
   5,165 ≤ 5,17 < 5,175
   6,3515 ≤ 6,352 < 6,3525

Seite 151
1. a) 2,34 m   b) 13,05 m   c) 4,074 m
   d) 3,05 dm³   e) 5,004 dm³   f) 10,412 dm³

2. a)

	kg	t
1175 g	1,175	0,001175
2390 g	2,390	0,002390

Lösungen
SEITE 143–154

b)
	m	km
2 dm	0,2	0,0002
50 dm	5	0,005

c)
	m	km
312 cm	3,12	0,00312
4712 cm	47,12	0,04712

d)
	dm³	m³
520 cm³	0,52	0,00052
1200 cm³	1,2	0,0012

Seite 154

1. a) 7,703 < 7,71 < 7,72 < 7,721 < 7,73
b) 0,404 < 0,450 < 0,452 < 0,454 < 0,545

2. a)
```
  73,297
+ 33,841
--------
 107,138
```
b)
```
  86,203
+ 17,000
--------
 103,203
```
c)
```
  0,9899
- 0,8890
--------
  0,1009
```
d)
```
32,75 · 1,45
    3275
+  13100
+  16375
--------
 47,4875
```
e)
```
2,703 · 1,006
     2703
+    0000
+    0000
+   16218
---------
  2,719218
```
f) 0,35 : 0,06 =
35,00 : 6,00 = 5,8$\overline{3}$
```
- 30
  50
- 48
  20
  18
   2
```

3.
a) $(12,3 \cdot 2,2 - 3,71 \cdot 0,78) + (27,563 - 8,501)$
= (27,06 − 2,8938) + 19,062
= 24,1662 + 19,062
= 43,2282

b) $(43,85 + 0,75 : 0,15) : (57,2 : 0,4 - 0,85 \cdot 120)$
= (43,85 + 5) : (143 − 102)
= 48,85 : 41
≈ 1,1915 (genauer: 1,191463415)

c) $20,4 \cdot (48,768 - 15,1 + 3)$
= 20,4 · 36,668
= 748,0272

4. a) $\frac{7,23\,m + 8,41\,m + 7,11\,m + 9,01\,m + 8,63\,m}{5} =$
$\frac{40,39\,m}{5} = 8,078\,m$

b) $\frac{9,6\,kg + 8,723\,kg + 4,63\,kg + 5,501\,kg + 10\,kg}{5} =$
$\frac{38,454\,kg}{5} = 7,6908\,kg$

5. a) 7,0 : 8 = 0,875
```
 0
 70
 64
  60
  56
   40
   40
    0
```
b) 100 : 4 = 25
$27 \cdot \frac{25}{100}$ Ziffernfolge 675 → 6,75

c) 1000 : 8 = 125
$39 \cdot \frac{125}{1000}$ Ziffernfolge 4875 → 4,875

6. a) $3,45 = 3,45 \cdot 1 = 3,45 \cdot \frac{100}{100} =$
$\frac{345}{100} = \frac{69}{20} = 3\frac{9}{20}$

b) $2,56 = 2,56 \cdot 1 = 2,56 \cdot \frac{100}{100} =$
$\frac{256}{100} = \frac{64}{25} = 2\frac{14}{25}$

c) $9,463 = 9,463 \cdot 1 = 9,463 \cdot \frac{1000}{1000} =$
$\frac{9463}{1000} = 9\frac{463}{1000}$

7. a) 67,$\overline{67}$ (Multiplikation mit 100)
   − 0,$\overline{67}$ (Periode verschwinden lassen)
   _____
   67,00 → Zähler
   100 − 1 = 99 → Nenner
   Ergebnis: 0,$\overline{67}$ = $\frac{67}{99}$

b) 3,$\overline{3}$
   − 0,$\overline{3}$
   _____
   3 → Zähler
   10 − 1 = 9 → Nenner
   Ergebnis: 0,$\overline{3}$ = $\frac{3}{9}$ = $\frac{1}{3}$

c) 345,$\overline{345}$
   − 0,$\overline{345}$
   _____
   345 → Zähler
   1000 − 1 = 999 → Nenner
   Ergebnis: 0,$\overline{345}$ = $\frac{345}{999}$ = $\frac{115}{333}$

8. a) 6,834 : 2,2 → 68,34 : 22 = 3,106$\overline{3}$
   − 66
   ___
   23
   − 22
   ___
   14
   − 0
   ___
   140
   − 132
   ___
   80
   − 66
   ___
   14

Gerundet auf 1 Dezimale: 3,1 (bei 0 wird abgerundet)

b) 9,02 : 0,6 → 90,2 : 6 = 15,0$\overline{3}$
   − 6
   ___
   30
   − 30
   ___
   02
   − 0
   ___
   20
   − 18
   ___
   2

Gerundet auf 1 Dezimale: 15,0

9. a) 7,64   b) 8,64   c) 9,70   d) 10,55

10. a) 7,3 m + 38,531 dm + 302 cm = 7,3 m + 3,8531 m + 3,02 m = 14,1731 m
   7,3000 m
   3,8531 m
   + 3,0200 m
   _____
   14,1731 m

b) 56,3 kg + 1,2 t − 670 kg = 56,3 kg + 1200 kg − 670 kg = 1256,3 kg − 670 kg = 586,3 kg
   1256,3 kg
   − 670,0 kg
   _____
   586,3 kg

c) 0,327 kg + 32,7 kg − 627,3 g
   = 0,327 kg + 32,7 kg − 0,6273 kg
   = 33,027 kg − 0,6273 kg = 32,3997 kg
   0,327 kg   33,0270 kg
   + 32,700 kg   − 0,6273 kg
   _____   _____
   33,027 kg   32,3997 kg

Seite 155

772,65 : 51	Kehrwert von $\frac{1}{20} \cdot \frac{1}{5}$	80 · 0,7	$\frac{9-8}{17+8}$	0,625 (echter Bruch)		4,9 · 0,3
$8\frac{1}{5} - 7\frac{9}{20}$		1	5	,	1	5	$\frac{2465}{2000}$ (Dezimalbruch)	1
1530 · 0,2	3	0	6	$\frac{11}{14} - \frac{3}{7}$	—	—	1	,
	—	0	428 · 0,3	1	2	8	,	4
	4	0,2 · 6	$3\frac{5}{8} - 1\frac{15}{24}$	—	5	$2\frac{2}{3} \cdot 1\frac{1}{8}$	2	7
$4\frac{9}{11} - 3\frac{18}{22}$	1	18,75 : 0,75	2	1,44 : 0,12	2	3	208 · $\frac{1}{4}$
2,214 : 0,27	8	,	2	2,5 · 0,5	1	,	2	5
105,23 : 0,24	2	5	,	2	5	5	2

Trickreiche Textaufgaben

Seite 157

Gegeben: Fritz $\frac{1}{4}$, Paul $\frac{1}{6}$, 1 Kuchen

Frage (ungefähr): Wieviel des Kuchens als Anteil behält Udo übrig?

Das fehlende Wort: Rest

Lösungsansatz: $1 - \frac{1}{6} - \frac{1}{4} = 1 - (\frac{1}{6} + \frac{1}{4})$

$= 1 - [\frac{(4+6)}{24}] = 1 - \frac{10}{24} = 1 - \frac{5}{12} = \frac{7}{12}$

Antwort: Udo hat $\frac{7}{12}$ des Kuchens übrig.

Gegeben: $\frac{3}{5}$ für Dauerbesucher, $\frac{1}{4}$ für Verkauf vor Beginn
Frage (ungefähr): Welcher Anteil wird an Schüler und Studenten verkauft?
Rechnung: $1 - \frac{3}{5} - \frac{1}{4} = 1 - (\frac{3}{5} + \frac{1}{4})$
$= 1 - [\frac{(12+5)}{20}] = 1 - \frac{17}{20} = \frac{3}{20}$

Seite 159

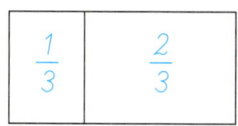

$\frac{1}{3}$	$\frac{2}{3}$	*Lee*	
		Wege	*Rasen*
		Blumen	

$\frac{1}{5} + \frac{1}{3} = \frac{8}{15}$; Rest: $1 - \frac{8}{15} = \frac{7}{15}$
$\frac{1}{3} \cdot \frac{7}{15} = \frac{7}{45}$ (Gesamtanteil für Blumen)

Seite 160

$(\frac{1}{4} + \frac{2}{7}) - 3 \cdot \frac{1}{9} = [\frac{(7+8)}{28}] - \frac{3}{9} = \frac{15}{28} - \frac{1}{3} = \frac{(45-28)}{84} = \frac{17}{84}$

Seite 67

Quotient → Bruch
Das Doppelte von 4,2 → 2 · 4,2
Das Dreifache von 2,5 → 3 · 2,5
vermehren um 1,7 → + 1,7
Ansatz: $\frac{(2 \cdot 4{,}2)}{(3 \cdot 2{,}5)} + 1{,}7$
Lösung: $8{,}4 : 7{,}5 + 1{,}7 = \frac{84}{75} + 1{,}7 = 1{,}12 + 1{,}7$
$= 2{,}82 = \frac{28}{25} + \frac{17}{10} = \frac{56}{50} + \frac{85}{50} = \frac{141}{50} = 2\frac{41}{50}$

Seite 162

1. a) $\frac{33}{4} : 3 - 2 = \frac{11}{4} - 2 = \frac{3}{4}$

   b) $(\frac{4}{3} - \frac{1}{6}) + (\frac{4}{3} - \frac{5}{6}) = \frac{7}{6} + \frac{3}{6} = \frac{10}{6} = 1\frac{2}{3}$

   c) $(2 + \frac{4}{5}) + 4 \cdot (\frac{1}{3} - \frac{1}{9}) = \frac{14}{5} + 4 \cdot \frac{2}{9}$
   $= \frac{14}{5} + \frac{8}{9} = \frac{126}{45} + \frac{40}{45} = \frac{166}{45} = 3\frac{31}{45}$

   d) $(\frac{1}{2} - \frac{1}{5}) : (\frac{1}{2} + \frac{1}{5}) = (\frac{5}{10} - \frac{2}{10}) : (\frac{5}{10} + \frac{2}{10})$
   $= \frac{3}{10} : \frac{7}{10} = \frac{3}{10} \cdot \frac{10}{7} = \frac{3}{7}$
   $\frac{1}{2} \cdot \frac{3}{7} = \frac{3}{14}$

2. a) Grundstücksrest ohne Garage:
   $\frac{1}{3} \cdot 402\ m^2 = 134\ m^2$
   Garage abziehen: $134\ m^2 - 28\ m^2$
   $= 106\ m^2$ (1,06 a)
   Die restliche Fläche ist 106 m² groß.

   b) Last des Anhängers: 18 t − 10 t = 8 t

Anteil: $\frac{8}{10} = \frac{4}{5}$
Die Nutzlast erhöht sich um $\frac{4}{5}$.

c) $0{,}7\ l \cdot \frac{2}{3} = \frac{14}{30}\ l = \frac{7}{15}\ l$
Verteilt auf die Gläser:
$\frac{7}{15} : 0{,}2 = \frac{7}{15} : \frac{2}{10} = \frac{7}{15} \cdot \frac{10}{2} = \frac{70}{30} = \frac{7}{3} = 2\frac{1}{3}$
Es können 2 Gläser vollgefüllt werden.

d) Schulweg zu Fuß: $3{,}4\ km \cdot \frac{1}{5}$
$= \frac{17}{5} \cdot \frac{1}{5}\ km = \frac{17}{25}\ km = 0{,}68\ km = 680\ m$
Bernhard legt 680 m zu Fuß zurück.

Seite 163

1. a) $7\frac{1}{2} \cdot 10{,}80 = 7{,}5 \cdot 10{,}80 = 81$ DM

   $7\frac{1}{2} \cdot 15{,}80 = 7{,}5 \cdot 15{,}80 = 118{,}50$ DM
   Sie muß 81 DM oder 118,50 DM bezahlen.

   b) 200 DM − 118,50 DM (s.o.) = 81,50 DM
   Sie erhält 81,50 DM zurück.

2. a) $18 : \frac{4}{5} = 18 \cdot \frac{5}{4} = \frac{90}{4} = \frac{45}{2} = 22{,}5\ m^3$
   Das Schiff kann 22,5 m³ laden.

   b) $22{,}5 : \frac{5}{4} = 22{,}5 \cdot \frac{4}{5} = \frac{90}{5} = 18\ m^3$
   Es werden 18 m³ stündlich entladen.

   c) $18 : 2{,}5 = 7{,}2 \approx 7$ Fahrten
   Der LKW fährt mehr als 7mal stündlich.

3. a) Anteil der abwesenden Mitglieder:
   $\frac{1}{5} + \frac{1}{6} = \frac{6}{30} + \frac{5}{30} = \frac{11}{30} > \frac{1}{3} = \frac{10}{30}$
   Nein, es sind nur $\frac{19}{30}$ anwesend.

   b) Notwendige Anzahl: $80 \cdot \frac{1}{4} = 20$ Mitglieder
   Fehlende Mitglieder aus anderen Gründen:
   $80 \cdot \frac{1}{5} = 16$
   Möglicher Rest: 80 − (20 + 16) = 44
   Anteil: $\frac{44}{80} = \frac{11}{20}$ (= 0,55)
   Es dürfen höchstens 44 krank sein.

4. a) $25\frac{1}{2}\ h \cdot 12 = 306\ h$ im Jahr
   Benzinverbrauch: $306\ h \cdot 9{,}5\ l/h = 2907\ l$
   Es werden 2907 l Kraftstoff im Jahr verbraucht.

   b) $2907 \cdot 1{,}85 = 5377{,}95$ DM
   Der Kraftstoff kostet 5377,95 DM im Jahr.

Titellizenz durch: Schülerhilfe – Gesellschaft für Nachhilfeunterricht mbH
www.Schuelerhilfe.com

© Genehmigte Sonderausgabe für den Tandem Verlag GmbH, Königswinter
Die Verwertung der Texte und Bilder, auch auszugsweise, ist ohne Zustimmung des Verlags urheberrechtswidrig und strafbar. Dies gilt auch für Vervielfältigungen, Übersetzungen, Mikroverfilmung und für die Verarbeitung mit elektronischen Systemen.

Die Ratschläge in diesem Buch sind von der Autorin und vom Verlag sorgfältig erwogen und geprüft, dennoch kann eine Garantie nicht übernommen werden. Eine Haftung der Autorin bzw. des Verlags und seiner Beauftragten für Personen, Sach- und Vermögensschäden ist ausgeschlossen.

Gesamtherstellung: Tandem Verlag GmbH, Königswinter

NOTIZEN

NOTIZEN